高职高专"十二五"规划教材

物 理（五年制）

下 册

曲梅丽 孙 静 主 编
赵 辉 杨 威 副主编
齐建春 主 审

化学工业出版社
·北京·

本套教材是根据五年制高职物理教学大纲的要求，在"以应用为目的，以必需够用为度"的原则指导下，在五专物理教学内容和课程体系改革的实践基础上，总结了教学实践中的改革成果和经验而编写的。

本套教材分为上、下两册。上册主要包括力学和热学知识，由七章内容组成：直线运动、力和物体的平衡、牛顿运动定律、功和能、机械振动与机械波、分子动理论和能量守恒、气体的性质，还有七个力学实验。下册以电磁学知识为主，以光学、原子和原子核知识为辅，主要包括七章内容：静电场、恒定电流、磁场、电磁感应、交流电、光现象及其应用、原子和原子核，还有七个电磁学实验。书中有学习目标和习题，章后有小结、复习题、自测题。书后附有部分习题、复习题、自测题答案，以及典型习题和复习题中计算题的解答。教材还配有用于多媒体教学的 PPT 课件。全套教材主线突出，阐述清楚，难度适中。

本套教材适用于五年制高职生使用，也可作为多学时的中等职业学校、职业高级中学的物理教材。

图书在版编目（CIP）数据

物理（五年制）下册/曲梅丽，孙静主编 . —北京：
化学工业出版社，2015.7（2021.8重印）
高职高专"十二五"规划教材
ISBN 978-7-122-24044-6

Ⅰ.①物…　Ⅱ.①曲…　②孙…　Ⅲ.①物理学-高等
职业教育-教材　Ⅳ.①O4

中国版本图书馆 CIP 数据核字（2015）第 106286 号

责任编辑：高　钰　　　　　　　　　　文字编辑：荣世芳
责任校对：王素芹　　　　　　　　　　装帧设计：刘丽华

出版发行：化学工业出版社（北京市东城区青年湖南街 13 号　邮政编码 100011）
印　　装：北京七彩京通数码快印有限公司
787mm×1092mm　1/16　印张11　字数268千字　2021 年 8 月北京第 1 版第 6 次印刷

购书咨询：010-64518888　　　　　　　售后服务：010-64518899
网　　址：http://www.cip.com.cn
凡购买本书，如有缺损质量问题，本社销售中心负责调换。

定　　价：**36.00 元**

前　　言

　　物理学是自然科学的重要组成部分，是工程技术科学的基础。物理作为五年制高职各专业的公共必修课之一，它所阐述的物理学的基本知识、基本思想、基本规律和基本方法，不仅是学生学习后续专业课的基础，也是全面培养和提高学生科学素质、科学思维方法和科研能力的重要内容。

　　进入 21 世纪，科学技术的飞速发展对人才培养提出了新的要求，为了适应职业教育培养高素质技能型专门人才的需要，编者总结了近几年的教改经验编写了这套教材（分上、下册）。在编写过程中，主要突出了以下几个特点。

　　1. 紧扣大纲，降低难度

　　从职业岗位群对人才的需求出发，紧扣大纲，达到课程教学目标的要求。面对生源现状，适当降低起点，注意由已知到未知的自然转化，注重与初中物理知识的衔接。

　　2. 精选内容，够用为度

　　本着"必需、够用"的原则，编写时以力学、电磁学知识为主，以热学、光学、原子和原子核知识为辅。为了满足不同专业的需要，内容分为必学和选学，以"＊"加以区别。

　　3. 夯实基础，讲练结合

　　为了加强对基本概念、基本规律、基本方法的讲解与运用，并通过讲练结合加深学生对知识的理解和记忆，节中有习题，章后有小结、复习题、自测题。

　　4. 培养素质，提高能力

　　通过"相关链接"模块，向学生介绍了一些可自行阅读的知识，对教材主要内容作了延伸与拓展，将理论知识与实践、应用联系起来，既使教材内容更活泼，也有助于培养学生的综合素质，提高学生分析问题和解决问题的能力、实践能力、创新能力。

　　为了方便教学，本套教材还配有用于多媒体教学的 PPT 课件，将免费提供给采用本书作为教材的院校使用。如有需要，请发电子邮件至 cipedu@163.com 获取，或登录 www.cipedu.com.cn 免费下载。

本套教材上册由曲梅丽、杨威主编，孙静、赵辉任副主编，曲梅丽主审；下册由曲梅丽、孙静主编，赵辉、杨威任副主编，齐建春主审，还聘请李克勇为顾问。参加编写的还有杨鸿、张峰、边敦明、刘耀斌等。

教材在编写过程中，得到了有关院校师生的大力支持和协助，在此谨向他们表示敬意和谢意。

由于编者水平有限，教材中难免存在缺点和疏漏，恳请广大读者批评指正。

编　者
2015 年 3 月

目　　录

第八章　静电场 ……………………………… 1

第一节　电荷　电荷守恒定律 …………… 1

一、电荷 ………………………………… 1

二、电量 ………………………………… 1

三、电荷守恒定律 ……………………… 1

相关链接　富兰克林 …………………… 2

第二节　库仑定律 ………………………… 2

一、点电荷 ……………………………… 2

二、库仑定律的表述 …………………… 3

习题 8-2 ………………………………… 4

相关链接　库仑 ………………………… 4

第三节　电场　电场强度　电场线 ……… 5

一、电场 ………………………………… 5

二、电场强度 …………………………… 5

三、点电荷形成电场的场强 …………… 6

四、电场线 ……………………………… 6

五、匀强电场 …………………………… 7

习题 8-3 ………………………………… 8

第四节　电势　电势差 …………………… 8

一、电势能 ……………………………… 8

二、电势 ………………………………… 9

三、电势差 ……………………………… 10

四、等势面 ……………………………… 10

习题 8-4 ………………………………… 11

相关链接　伏特 ………………………… 12

　　　　　类比法 ……………………… 12

第五节　匀强电场中电势差和场强

　　　　的关系 ………………………… 12

习题 8-5 ………………………………… 13

*第六节　静电场中的导体 ……………… 14

一、静电感应 …………………………… 14

二、静电平衡 …………………………… 14

三、静电平衡时导体上电荷的分布 …… 15

四、静电屏蔽 …………………………… 15

习题 8-6 ………………………………… 16

第七节　电容器　电容 …………………… 17

一、电容器 ……………………………… 17

二、电容 ………………………………… 17

三、平行板电容器 ……………………… 17

四、电介质对电容的影响 ……………… 19

五、常用电容器 ………………………… 19

习题 8-7 ………………………………… 20

相关链接　照相用的闪光灯 …………… 20

*第八节　带电粒子在匀强电场中的运动 … 21

一、带电粒子的加速 …………………… 21

二、带电粒子的偏转 …………………… 21

三、示波器的原理 ……………………… 21

习题 8-8 ………………………………… 22

*第九节　电介质 ………………………… 23

一、电介质的极化 ……………………… 23

二、电介质的击穿 ……………………… 23

相关链接　静电的防止和利用 ………… 24

本章小结 ………………………………… 25

复习题 …………………………………… 26

自测题 …………………………………… 27

第九章　恒定电流 …………………………… 29

第一节　电流 ……………………………… 29

一、电流的形成 ………………………… 29

二、电流强度 …………………………… 29

第二节　欧姆定律　电阻定律 …………… 30

一、欧姆定律 …………………………… 30

二、电阻定律 …………………………… 31

习题 9-2 ………………………………… 32

相关链接　欧姆 ………………………… 32

　　　　　超导及其应用前景 ………… 32

第三节　电阻的连接 ……………………… 33

一、电阻的串联 ………………… 33

二、电阻的并联 ………………… 34

三、混联电路 …………………… 35

习题 9-3 …………………………… 36

第四节 电功 电功率 …………… 37

一、电功 …………………………… 37

二、电功率 ………………………… 37

三、焦耳定律 ……………………… 38

四、电功和电热的关系 ………… 38

习题 9-4 …………………………… 39

相关链接 焦耳 ………………… 39

待机能耗 ………………… 40

第五节 闭合电路欧姆定律 …… 40

一、电源 …………………………… 40

二、电动势 ………………………… 41

三、闭合电路欧姆定律的表述 … 41

四、路端电压与负载的关系 …… 42

五、电源的输出功率 …………… 42

习题 9-5 …………………………… 44

相关链接 电气火灾的防范 …… 45

*第六节 相同电池的连接 ……… 45

一、相同电池的串联 …………… 45

二、相同电池的并联 …………… 46

习题 9-6 …………………………… 47

相关链接 电池的使用常识 …… 47

本章小结 …………………………… 48

复习题 ……………………………… 49

自测题 ……………………………… 51

第十章 磁场 ……………………… 53

第一节 磁场 磁感应线 ………… 53

一、磁场 …………………………… 53

二、磁场的方向 …………………… 53

三、磁感应线 ……………………… 54

第二节 电流的磁场 安培定则 … 54

一、电流的磁效应 ………………… 54

二、安培定则 ……………………… 54

习题 10-2 …………………………… 55

第三节 磁感应强度 磁通量 …… 56

一、磁感应强度 …………………… 56

二、匀强磁场 ……………………… 57

三、磁通量 ………………………… 57

习题 10-3 …………………………… 58

第四节 磁场对通电直导线的作用力 …… 58

一、安培定律 ……………………… 58

二、左手定则 ……………………… 59

三、磁场对通电线圈的作用 …… 60

习题 10-4 …………………………… 60

相关链接 安培 ………………… 61

汽车雨刷器的工作原理 …… 61

第五节 磁场对运动电荷的作用力 …… 62

一、电子束在磁场中的偏转 …… 62

二、洛伦兹力 ……………………… 62

习题 10-5 …………………………… 63

*第六节 带电粒子在匀强磁场中的运动 … 63

一、带电粒子在匀强磁场中的匀速圆周

运动 …………………………… 63

二、带电粒子的轨道半径和运动周期 … 64

三、回旋加速器 …………………… 64

习题 10-6 …………………………… 65

*第七节 磁性材料 ……………… 65

一、物质磁性的电本质 ………… 65

二、磁性材料的分类 …………… 66

三、磁性材料的应用 …………… 66

本章小结 …………………………… 67

复习题 ……………………………… 68

自测题 ……………………………… 69

第十一章 电磁感应 ……………… 72

第一节 电磁感应现象 …………… 72

第二节 楞次定律 ………………… 73

一、右手定则 ……………………… 73

二、楞次定律的表述 …………… 73

习题 11-2 …………………………… 75

第三节 法拉第电磁感应定律 …… 76

一、感应电动势 …………………… 76

二、法拉第电磁感应定律的表述 … 76

三、导线切割磁感应线时产生的感应电

动势 …………………………… 77

习题 11-3 …………………………… 78

相关链接 法拉第 ……………… 79

第四节 互感 感应圈 …………… 79

一、互感 …………………………… 80

二、感应圈 ………………………… 80

第五节　自感 ……………………… 80

一、自感现象 ……………………… 81

二、自感系数 ……………………… 81

三、自感现象的应用 ……………… 82

习题 11-5 ………………………… 82

相关链接　赫兹 ………………… 83

现代家庭中的电磁污染 …… 83

电磁辐射的防止 …………… 84

*第六节　电磁场　电磁波 ………… 84

一、电磁场 ………………………… 84

二、电磁波 ………………………… 85

三、无线电波 ……………………… 86

习题 11-6 ………………………… 86

本章小结 …………………………… 86

复习题 ……………………………… 87

自测题 ……………………………… 89

第十二章　交流电 ………………… 92

第一节　交流发电机的原理 ……… 92

一、交流电的产生 ………………… 92

二、交流发电机 …………………… 93

习题 12-1 ………………………… 94

第二节　表征交流电的物理量 …… 94

一、交流电的变化规律 …………… 94

二、周期和频率 …………………… 96

三、最大值和有效值 ……………… 96

习题 12-2 ………………………… 97

第三节　变压器 …………………… 98

一、变压器的原理 ………………… 98

二、自耦变压器 …………………… 99

三、调压变压器 …………………… 99

习题 12-3 ………………………… 99

相关链接　安全电压 …………… 99

本章小结 …………………………… 100

复习题 ……………………………… 101

自测题 ……………………………… 101

*第十三章　光现象及其应用 …… 104

第一节　光的反射和折射 ………… 104

一、光的直线传播 ………………… 104

二、光的反射定律 ………………… 104

三、光的折射定律 ………………… 105

四、折射率 ………………………… 105

习题 13-1 ………………………… 106

相关链接　蒙气差 ……………… 107

第二节　光的全反射 ……………… 107

一、全反射 ………………………… 107

二、临界角 ………………………… 108

三、光导纤维 ……………………… 109

习题 13-2 ………………………… 110

相关链接　海市蜃楼 …………… 110

第三节　棱镜　光的色散 ………… 111

一、棱镜 …………………………… 111

二、光的色散 ……………………… 112

习题 13-3 ………………………… 112

第四节　激光 ……………………… 113

一、激光的产生 …………………… 113

二、激光的特性及应用 …………… 113

习题 13-4 ………………………… 114

本章小结 …………………………… 114

复习题 ……………………………… 114

自测题 ……………………………… 115

*第十四章　原子和原子核 ……… 117

第一节　原子的核式结构　原子核 … 117

一、α粒子散射实验 ……………… 117

二、原子的核式结构模型 ………… 118

三、原子核的组成 ………………… 118

习题 14-1 ………………………… 118

第二节　天然放射性 ……………… 119

一、天然放射现象 ………………… 119

二、天然放射线的性质 …………… 119

习题 14-2 ………………………… 120

第三节　核能　核技术 …………… 120

一、核能　质量亏损 ……………… 120

二、重核裂变 ……………………… 120

三、轻核聚变 ……………………… 121

习题 14-3 ………………………… 121

相关链接　我国核电的发展历程 …… 121

核武器的防御 …………… 122

本章小结 …………………………… 123

复习题 ……………………………… 123

自测题 ……………………………… 124

学生实验 …………………………… 126

实验八　伏安法测电阻 …………… 126

实验九　电源的电动势和内电阻
　　　　的测定 …………………… 129

实验十　研究电源的输出功率与负载的
　　　　关系 …………………… 131

实验十一　直流电表的改装 …………… 133

实验十二　电磁感应现象的研究 ……… 136

实验十三　多用电表的使用 …………… 139

实验十四　示波器的使用 …………… 142

部分习题参考答案 ……………… 146

复习题参考答案 ………………… 148

自测题参考答案 ………………… 151

典型习题和复习题中计算题解答 …… 153

参考文献 ………………………… 168

第八章 静 电 场

静电场是静止的电荷在其周围激发的电场。本章主要研究静电场的基本性质及规律、静电场与导体的相互作用、相互影响，以及导体在静电场中的特性等。主要内容有：静电场的两条基本定律——电荷守恒定律和库仑定律；描述静电场的两个重要物理量——电场强度和电势，以及静电场中的导体、电容器与电容等内容。

第一节 电荷 电荷守恒定律

学习目标

1. 掌握两种电荷间相互作用的规律。
2. 理解电荷守恒定律。

一、电荷

自然界中存在两种电荷：正电荷和负电荷。摩擦起电时，用丝绸摩擦过的玻璃棒带正电，用毛皮摩擦过的橡胶棒带负电。电荷之间有相互作用力：**同种电荷相互排斥，异种电荷相互吸引**。验电器就是根据电荷间的这种相互作用而制成的。

二、电量

物体所带电荷的多少称为**电量**。电量以符号 Q 或 q 表示。在 SI 中，电量的单位是库仑，用符号 C 表示。质子带正电、电子带负电，其电量相等，通常取 1.6×10^{-19} C，这是迄今为止发现的电量最少的电荷，称为基本电荷，又称元电荷，以 e 表示。

$$e = 1.6 \times 10^{-19} \text{C}$$

其他任何带电体所带电量总是基本电荷的整数倍，即

$$q = ne \tag{8-1}$$

式中，n 是正的或负的整数，当物体带正电时 n 取正值，带负电时 n 取负值。

三、电荷守恒定律

物质由分子、原子组成，原子又由带正电的原子核和带负电的电子组成。一般情况下，原子核所带的正电荷与电子所带的负电荷数量相等，物体对外不显电性。当物体间由于摩擦等原因发生电荷转移时，失去电子的物体便带正电，得到电子的物体则带负电。由此可知，物体的带电过程实际上是电子转移的过程，必须注意到，电子仅仅是发生了转移而已，并没有产生或消失。

大量事实说明：**电荷既不能创造，也不能消灭，只能从一个物体转移到另一个物体，或者从物体的一部分转移到另一部分，在转移过程中，电荷的总量不变**。这个结论称为**电荷守恒定律**。这是自然界的重要规律之一。

相关链接

富 兰 克 林

　　富兰克林（1706—1790）是18世纪美国最伟大的科学家和发明家，著名的政治家、外交家、哲学家、文学家、航海家及美国独立战争的伟大领袖。他从小对科学十分向往，勤奋好学，掌握了意大利、西班牙等多种外语和广泛的自然科学知识。由于天赋和勤奋，终于使自己成为举世瞩目的伟大科学家和发明家。

　　富兰克林一生最真实的写照是他自己说过的一句话："诚实和勤勉，应该成为你永久的伴侣"。富兰克林是美国历史上第一位享有国际声誉的科学家和发明家。他最卓越的贡献发生在电学史上。为了对电进行探索，他冒着生命危险，把"天电"引入莱顿瓶，成功地证实了闪电的特性；为了深入探讨电运动的规律，创造了许多专用名词，如正电、负电、导电体、电池、充电、放电等，已成为世界通用的词汇。他提出了电荷不能创生、也不能消灭的思想，为电荷守恒定律的发展奠定了理论基础。他提出了避雷针的设想，由此而制造的避雷针，使人类避免了雷击灾难，破除了人们对雷电的迷信。

　　富兰克林对科学的贡献不仅体现在静电学方面，他在数学、热学、光学、气象、地质、声学及海洋方面的研究也取得了不少成就。

第二节　库仑定律

学习目标

　　1. 理解点电荷的概念。

　　2. 掌握库仑定律的内容及其应用。

一、点电荷

　　一般带电体之间的相互作用情况比较复杂，它与带电体所带电量、带电体的形状大小、带电体之间的距离以及带电体周围的状况都有关系，本书只讨论点电荷之间的作用规律。

　　所谓点电荷，是当带电体本身的大小与带电体之间的距离相比可以忽略不计时，可以把带电体看作是一个电量集中于一点的电荷。类似于力学中引入的质点。

二、库仑定律的表述

现在来研究两个点电荷之间相互作用力的规律。先观察下面的实验，把一个带正电的物体放在 A 处，再把一个挂在丝线下端的带正电的小球先后挂在 P_1,P_2,P_3 等位置，如图 8-1 所示。小球在不同位置所受带电体的作用力的大小可通过丝线偏离竖直方向的角度显示出来。实验表明，小球在 P_1,P_2,P_3 等各点所受的作用力依次减小，即电荷间的作用力随电荷间距离的增大而减小。在同一位置改变小球的电量，可以看出，电荷间的作用力随电量的增大而增大。

法国物理学家库仑，通过精确的实验得到这样的结论：**在真空中，两个点电荷间的相互作用力的大小，与两个点电荷的电量的乘积成正比，与它们之间距离的二次方成反比，作用力的方向在两个点电荷的连线上。这就是库仑定律。**

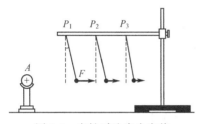

图 8-1　定性讨论库仑定律

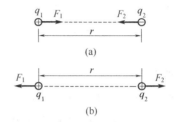

图 8-2　点电荷间的作用力

如果用 q_1、q_2 表示两个点电荷的电量，r 表示它们之间的距离（见图 8-2），F 表示它们相互作用力的大小，则库仑定律可以表示为

$$F = k\frac{q_1 q_2}{r^2} \tag{8-2}$$

式中，k 是一个比例恒量，称为静电力恒量。它的数值取决于 r、q 和 F 所用的单位。在 SI 中，它们的单位分别是 m、C 和 N，k 等于 $9.0\times10^9 \text{N}\cdot\text{m}^2/\text{C}^2$。图 8-2(a) 表示两个异种电荷之间的作用力为吸引力；图 8-2(b) 表示两个同种电荷之间的作用力为排斥力。

在应用式(8-2) 时，可以用电量的绝对值代入进行计算，求出力的大小后，再根据电荷的正负来确定力的方向。如果一点电荷同时受几个点电荷的作用，那么它所受到的作用力就等于那几个点电荷分别对它作用力的矢量和。

【例题 1】 真空中有两点电荷，相距 4.0cm，带电量分别为 $q_1=2.0\times10^{-10}\text{C}$，$q_2=-8.0\times10^{-10}\text{C}$，求两个点电荷间的相互作用力。

已知 $q_1=2.0\times10^{-10}\text{C}$，$q_2=-8.0\times10^{-10}\text{C}$，$r=4.0\text{cm}=4.0\times10^{-2}\text{m}$。

求 F。

解 由库仑定律得

$$F=k\frac{q_1 q_2}{r^2}=9\times10^9\times\frac{2.0\times10^{-10}\times8.0\times10^{-10}}{(4.0\times10^{-2})^2}=9.0\times10^{-7}\ (\text{N})$$

因为两个点电荷为异种电荷，所以它们之间的作用力的方向沿两电荷连线相互吸引。

答：两个点电荷间的相互作用力大小是 $9.0\times10^{-7}\text{N}$，方向沿两电荷连线相互吸引。

【例题 2】 如图 8-3 所示，真空中有三个点电荷，它们依次相距为 2.0cm，带电量分别为 $q_1=2.0\times10^{-10}\text{C}$，$q_2=4.0\times10^{-10}\text{C}$，$q_3=-4.0\times10^{-10}\text{C}$，求 q_2 所受的作用力。

已知 $q_1=2.0\times10^{-10}\text{C}$，$q_2=4.0\times10^{-10}\text{C}$，$q_3=-4.0\times10^{-10}\text{C}$，$r_1=r_2=2.0\text{cm}=2.0\times10^{-2}\text{m}$。

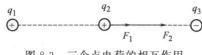

图 8-3 三个点电荷的相互作用

求 F。

解 q_2 分别受 q_1 和 q_3 的共同作用。由库仑定律得

q_1 对 q_2 的作用力的大小

$$F_1 = k\frac{q_1 q_2}{r_1^2} = 9\times10^9 \times \frac{2.0\times10^{-10}\times4.0\times10^{-10}}{(2.0\times10^{-2})^2} = 1.8\times10^{-6} \quad (\text{N})$$

F_1 的方向向右。

q_3 对 q_2 的作用力的大小

$$F_2 = k\frac{q_3 q_2}{r_2^2} = 9\times10^9 \times \frac{4.0\times10^{-10}\times4.0\times10^{-10}}{(2.0\times10^{-2})^2} = 3.6\times10^{-6} \quad (\text{N})$$

F_2 的方向向右。

因为 F_1 和 F_2 方向相同，所以

$$F = F_1 + F_2 = 1.8\times10^{-6} + 3.6\times10^{-6} = 5.4\times10^{-6} \quad (\text{N})$$

F 的方向与 F_1 或 F_2 的方向相同，即沿 q_1 与 q_2 的连线指向 q_3。

答：q_2 所受的作用力的大小为 5.4×10^{-6}N，方向沿 q_1 与 q_2 的连线指向 q_3。

习题 8-2

8-2-1　为什么人们总是利用不同的物质摩擦起电？

8-2-2　真空中有两个点电荷，保持它们的距离不变，试回答它们之间的作用力在下列情况下将如何变化：

(1) 一个电荷的电量变为原来的 2 倍；

(2) 两个电荷所带的电量都变成原来的 1/2；

(3) 其中一个电荷的正负发生变化；

(4) 两个电荷的正负都发生变化。

8-2-3　在真空中，$q_1 = 3.6\times10^{-8}$C 的点电荷受到另一点电荷 q_2 的吸引力为 8.1×10^{-3}N，q_1、q_2 之间相距 0.10m，求 q_2 的电量。

8-2-4　在 x 轴上自左向右依次放置 q_A、q_B、q_C 三个点电荷，相距各为 0.10m，q_A 带电量为 5.0×10^{-10}C，q_B 带电量为 1.0×10^{-9}C，q_C 带电量为 -5.0×10^{-10}C，则 q_B 受 q_A 和 q_C 的作用力的合力为多少？方向向哪？

相关链接

库　仑

库仑（1736—1806）是法国物理学家、工程师，是 18 世纪最著名的物理学家之一，他在电学发展过程中，做出了卓越的贡献。

1785 年，库仑用自己发明的扭秤建立了静电学中著名的库仑定律。同年，他在给法国

科学院的《电力定律》的论文中详细介绍了他的实验装置、测试经过和实验结果。库仑定律是电学发展史上的第一个定律，它使电学的研究从定性进入定量阶段，是电学史上的一块重要的里程碑。电量的单位库［仑］就是以他的姓氏命名的。

第三节　电场　电场强度　电场线

学习目标

　　1. 了解电场的概念，理解电场线的性质。

　　2. 掌握电场强度的概念，理解场强的叠加原理。

　　3. 掌握电场强度的计算方法和匀强电场的特点。

一、电场

　　电荷间的相互作用并不需要互相接触，它们是怎样发生的呢？通过长期的研究，人们认识到**电荷周围存在一种特殊的物质，称为电场**。电荷间的相互作用就是通过电场发生的。例如，甲电荷对乙电荷的作用，就是甲电荷产生的电场对乙电荷的作用；同样，乙电荷对甲电荷的作用，是乙电荷产生的电场对甲电荷的作用。

　　电场对电荷的作用力称为电场力。本章只讨论静止的电荷产生的电场，称为**静电场**。

二、电场强度

　　电场最基本的性质就是对放入其中的电荷有作用力。把一个正的检验电荷 q（即电量极小的点电荷）先后放入正电荷 Q 在真空中形成的电场中的 a、b、c、d 各点，如图 8-4 所示，由库仑定律可知，$F = k\dfrac{Qq}{r^2}$，检验电荷 q 在电场中不同位置，受到的电场力大小、方向各不相同。电场力大，说明那点的电场强；电场力小，说明那点的电场弱。

　　如何表示电场的强弱呢？把正检验电荷 q 放在电场中的 a 点，它受到的电场力 $F_a = k\dfrac{Qq}{r^2}$。同样将正检验电荷 q' 放在 a 点，它受到的电场力 $F'_a = k\dfrac{Qq'}{r^2}$。考察检验电荷所受电场力与检验电荷电量的比值，发现 $\dfrac{F_a}{q} = \dfrac{F'_a}{q'} = k\dfrac{Q}{r^2}$。也就是说，对电场中同一点，电荷所受电场力大小与其电量的比值是一个与放入该点的电荷无关的恒量。对于电场中的不同点，如

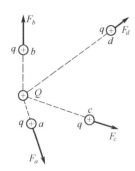

图 8-4　同一检验电荷在
电场中不同位置的受力

b、c、d 各点，该比值大小一般不同。比值越大的位置，单位电荷受到的电场力越大，电场也越强。这个结论不仅对正电荷 Q 产生的电场适用，而且对任何电场都适用。因此，用上述比值可以表示电场的强弱，定义它为电场强度。

　　电场中某点的检验电荷所受到的电场力 F 与它的电量 q 的比值，称为该点的电场强度，简称场强。场强用 E 表示。

$$E = \frac{F}{q} \qquad (8\text{-}3)$$

　　在 SI 中，场强的单位是牛顿/库仑，简称牛/库，符号为 N/C。

　　场强是矢量，规定正电荷在某点所受电场力的方向为该点的场强方向。

　　如果已知某点的场强，可用式(8-4)求得任一电荷在该点受到的电场力大小。

$$F = qE \qquad (8\text{-}4)$$

　　根据对场强方向的规定，正电荷在电场中某点受电场力的方向与该点场强方向相同，负电荷受力方向与该点场强方向相反。

三、点电荷形成电场的场强

　　下面由库仑定律和场强定义，推导得出点电荷形成电场的场强的表达式。

　　场源电荷 Q 置于 O 点，如图 8-5 所示，现在求距离 Q 为 r 的 P 点的场强。

　　假设在 P 点放入一个检验电荷 q，根据库仑定律，q 受电场力大小为 $F = k\dfrac{Qq}{r^2}$，而 P 点的场强为 $E = \dfrac{E}{q} = k\dfrac{Q}{r^2}$，即

$$E = k\frac{Q}{r^2} \qquad (8\text{-}5)$$

　　式(8-5)说明，电场中某点场强 E 与场源电荷 Q 及该点距场源电荷 Q 的距离 r 有关。而与放入该点的电荷 q 无关。

　　若场源电荷 Q 为正电荷，则 E 的方向沿 OP 连线背离 Q；若 Q 为负电荷，则 E 的方向沿 OP 连线指向 Q。如图 8-5 所示。

　　若有几个点电荷同时存在，这时某点的场强就等于各个点电荷单独在该点产生的场强的矢量和。这种关系称为场强的叠加。

　　在应用公式 $E = \dfrac{F}{q}$ 和 $E = k\dfrac{Q}{r^2}$ 时，Q、q 都用绝对值，E 的方向另行判断。

四、电场线

　　对电场的研究，重要的是知道电场中各点场强的大小和方向。除了用场强的定义式 $E = \dfrac{F}{q}$ 准确描述外，还可用图形将电场中各点场强的大小和方向形象地表示出来。为了形象地描述电场，人们引入了电场线（或电力线）的概念。

　　在电场中画出一系列带箭头的曲线，使曲线上每一点的切线方向都与该点的场强方向一致，这些曲线称为**电场线**。图 8-6 为电场中的一条电场线。图 8-7 为孤立点电荷的电场线。

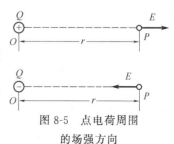

图 8-5　点电荷周围
的场强方向

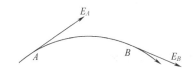

图 8-6 一条电场线

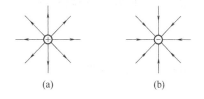

图 8-7 孤立点电荷的电场线

图8-8(a)、(b) 分别为等量异种电荷、等量同种电荷的电场线。

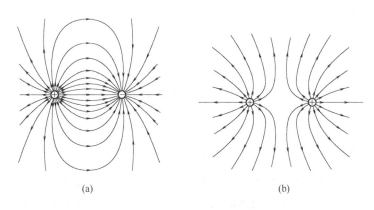

图 8-8 等量异种电荷、等量同种电荷的电场线

由图可知，静电场中的电场线有以下性质：**电场线起始于正电荷（或无限远），终止于负电荷（或无限远）；它们不闭合、不相交；场强较大处电场线较密，场强较小处电场线较疏。**

五、匀强电场

在电场的某一区域中，如果各点场强的大小和方向都相同，这个区域的电场就称为**匀强电场。**匀强电场的电场线是疏密均匀、互相平行的直线。如图 8-9 所示，带等量异种电荷的平行板之间的电场是匀强电场，电场线是等间距的平行直线。

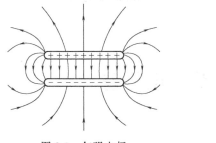

图 8-9 匀强电场

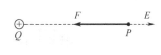

图 8-10 P 点的场强

【例题】 在真空中有一点电荷 Q，所带电量是 $6.6×10^{-9}$C，求距它 10cm 的 P 点的场强。如图 8-10 所示，如果在 P 点放一个电量为 $-2.0×10^{-9}$C 的点电荷，求这个点电荷所受电场力的大小和方向。

已知 $Q=6.6×10^{-9}$C，$r=1.0×10^{-1}$m，$q=2.0×10^{-9}$C。

求 E，F。

解　由点电荷的场强公式得　　　$E = k \dfrac{Q}{r^2} = 9.0 \times 10^9 \times \dfrac{6.6 \times 10^{-9}}{(1.0 \times 10^{-1})^2}$

$$\approx 5.9 \times 10^3 \,(\text{N/C})$$

由场强的定义式得　　　　　　　　　$F = Eq = 5.9 \times 10^3 \times 2.0 \times 10^{-9}$

$$\approx 1.2 \times 10^{-5} \,(\text{N})$$

因为 Q 为正点电荷，所以 P 点的场强 E 的方向为由 Q 指向 P 点。又因为 q 为负点电荷，所以力 F 的方向与场强 E 的方向相反（见图 8-10）。

答：P 点的场强大小是 5.9×10^3 N/C，点电荷 q 在该点所受电场力大小是 1.2×10^{-5} N，电场力的方向由 P 点指向 Q。

习题 8-3

8-3-1　由场强公式 $E = \dfrac{F}{q}$，判断下列说法是否正确。

(1) 电场强度 E 与 F 成正比，与 q 成反比；

(2) 无论检验电荷 q 的电量（不为零）如何变化，在同一点处 $\dfrac{F}{q}$ 始终不变；

(3) 电场中某点的电场强度为零，则处在该点的电荷受到的电场力一定为零；

(4) 一个带电的小球在某点受到的电场力为零，则该点的场强一定为零。

8-3-2　某电场的电场线分布如习题 8-3-2 图所示：

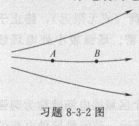
习题 8-3-2 图

(1) 试比较 A、B 两点场强的大小；

(2) 画出 A、B 两点的场强方向；

(3) 把负点电荷放在 A 点，画出所受电场力的方向。

8-3-3　在真空中一个 3.0×10^{-8} C 的点电荷，受电场力是 2.7×10^{-3} N，求该点场强的大小。一个电量为 6.0×10^{-8} C 的点电荷，在该点受到的电场力多大？

8-3-4　在水平放置的两块金属板间有一场强为 9.0×10^4 N/C 的匀强电场，方向竖直向下，现有一质量为 1.47×10^{-15} kg 的带电油滴在电场中处于平衡状态，油滴带的是何种电荷，电量是多少？

第四节　电势　电势差

学习目标

1. 掌握电势能、电势、电势差的概念，理解电场力做功和电势能变化之间的关系。

2. 理解等势面的概念。

上一节从力的角度研究了电场，接下来从能量的角度再对电场进行讨论。

一、电势能

电荷在电场中受到电场力的作用，如果电荷发生了位移，则电场力就可能做功，可见，电场也具有做功的本领。与重力场类似，电荷在电场中也具有势能，这种势能称为**电势能**。用 E_p 表示。

在重力场中，重力做功与运动路径无关，而与起点位置和终点位置有关。物体下落时，重力对物体做正功，物体重力势能减小；物体上升时，重力对物体做负功，物体重力势能增加。重力对物体所做的功等于物体重力势能的减少量。与此类似，在电场中，电场力做功也与电荷移动的路径无关，而与两点位置有关。在电场中移动电荷时，电场力对电荷做正功，电荷的电势能将减少；电场力对电荷做负功，电荷的电势能将增加。电场力对电荷做的功等于电势能的减少量。如果电荷从电场中的 a 点移到 b 点，电场力做功用 W_{ab} 表示，电荷在 a、b 两点的电势能分别用 E_{pa}、E_{pb} 表示，则电场力做功和电势能的变化关系可表示为

$$W_{ab} = E_{pa} - E_{pb} \tag{8-6}$$

同重力势能一样，电势能也是一相对量，只有选定电势能零点后，才能确定电荷在其他点的电势能。电势能零点的选取是任意的，通常取无限远处或大地表面为电势能零点，即电荷在该点的电势能为零。在式(8-6)中，若选取 b 点的电势能为零，即 $E_{pb}=0$，那么

$$E_{pa} = W_{ab} \tag{8-7}$$

可见，电荷在电场中某点的电势能，在数值上等于把它从该点移到电势能零点时电场力所做的功。

二、电势

电荷的电势能不仅与电荷在电场中所处的位置有关，而且还与电荷的电量有关。若检验电荷 q 在电场中 a 点的电势能为 E_{pa}，那么把检验电荷的电量增大到 n 倍，结果它在 a 点的电势能也是原来的 n 倍。也就是说，电荷在电场中某点 a 所具有的电势能 E_{pa} 与电荷的电量 q 成正比，无论电量 q 是多少，比值 $\dfrac{E_{pa}}{q}$ 总是一个与电荷无关的恒量。同理，对于电场中的 b 点，$\dfrac{E_{pb}}{q}$ 也是一个恒量，只不过不同的点，该比值一般不同，但都与检验电荷的电量无关。因此，这个比值反映了电场的一种性质，把它定义为电势。

检验电荷在电场中某点所具有的电势能 E_p 与它的电量 q 的比值，称为该点的电势，在电工和电子线路基础中也称为电位。电势用 V 表示。

$$V = \frac{E_p}{q} \tag{8-8}$$

在 SI 中，电势的单位是伏特，用符号 V 表示。电量为 1C 的电荷，在电场中某点的电势能为 1J，该点的电势就是 1V。

$$1V = 1J/C$$

电势与电势能一样，也是一相对量，只有选定了电势零点后，电场中其他点的电势才有确定的值。在同一电场中电势零点的选取同电势能零点的选取是一致的。理论上常取无限远处为电势零点，实用上常取大地表面为电势零点。在规定了电势零点之后，电场中各点的电势可以是正值，也可以是负值。

电势只有大小，没有方向，因此是标量。

若已知电势，可求出点电荷在某点的电势能

$$E_p = qV$$

三、电势差

电场中任意两点间电势的差值，称为这两点之间的电势差，也称为电压。 电势差常用 U 表示。设 a 点电势为 V_a，b 点电势为 V_b，则 a、b 两点的电势差为

$$U_{ab} = V_a - V_b \tag{8-9}$$

在 SI 中，电势差的单位也是伏特（V）。应注意的是，电场中各点的电势与零电势点的选取有关，但两点间的电势差与零电势点的选取无关，这同重力场中两点的高度差与参考面的选取无关是一个道理。

显然 $$U_{ba} = V_b - V_a = -U_{ab}$$

电势差常用来计算电场力所做的功，如果电荷 q 在某电场中 a 点的电势能是 qV_a，在 b 点的电势能是 qV_b，把 q 从 a 点移到 b 点时，电势能的减少量是（$qV_a - qV_b$），而电势能的减少量等于电场力对 q 做的功 W_{ab}，所以

$$W_{ab} = E_{pa} - E_{pb} = qV_a - qV_b$$

或 $$W_{ab} = qU_{ab} \tag{8-10}$$

式中，q、U、W 的单位分别是 C、V、J。计算时应注意：本节所提到的 E_p、V、U、W、q 等都是标量，运用到公式中应考虑各量的正负，不可再用绝对值。

将正的点电荷沿着电场线方向移动，电场力做正功，它的电势能逐渐减少，电势逐渐降低，因此，**电场线指向电势降低的方向。**

【例题】 电场中 a、b 两点间的电势差为 220V，将一个电量为 -2.0×10^{-3}C 的电荷从 a 点移到 b 点，电场力做多少功？

已知 $U_{ab} = 220$V，$q = -2.0 \times 10^{-3}$C。

求 W_{ab}。

解 $W_{ab} = qU_{ab} = -2.0 \times 10^{-3} \times 220 = -4.4 \times 10^{-1}$（J）

$W_{ab} < 0$，表明是电荷反抗电场力做功。

答：电场力做功是 -4.4×10^{-1}J。

四、等势面

在电场中，所有电势相等的点组成的面称为等势面。

因在同一等势面上任意两点间电势差为零，故在同一等势面上的任意两点间移动电荷时，电场力不做功。

在同一等势面上移动电荷时，电荷要受到电场力的作用，但电场力又不做功，这说明电场力的方向与等势面垂直。又因电场力的方向是沿着电场线的切线方向的，可以推知，**电场线与等势面互相垂直。**

匀强电场的等势面是一组与电场线垂直的平面，如图 8-11 所示。点电荷的等势面是一组以点电荷为球心的球面，如图 8-12 所示。图 8-13、图 8-14 分别为等量异种电荷、同种电荷的等势面。可以看出，不管是在匀强电场还是非匀强电场中，电场线都垂直于等势面。

因为测量电势比测量场强容易，所以往往是先测绘出等势面的形状和分布，再根据电场线和等势面垂直这一关系画出电场线，从而了解整个电场的场强分布情况。

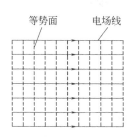

图 8-11 匀强电场的等势面

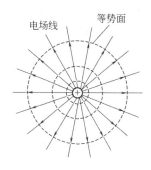

图 8-12 孤立正点电荷的等势面

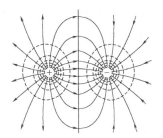

图 8-13 等量异种电荷的等势面

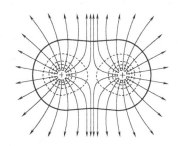

图 8-14 等量同种电荷的等势面

习题 8-4

8-4-1 判断习题 8-4-1 图中 a、b、c 和 e、f、g 各点电势的正负和高低。

习题 8-4-1 图

8-4-2 在下列情况下，电场力对电荷 q 做正功还是负功？电荷 q 的电势能有什么变化？

(1) 正电荷 q 顺着电场线方向移动；

(2) 正电荷 q 逆着电场线方向移动；

(3) 负电荷 q 顺着电场线方向移动；

(4) 负电荷 q 逆着电场线方向移动。

8-4-3 某电场的等势面如习题 8-4-3 图所示，试画出电场线的大致分布。

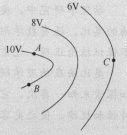

习题 8-4-3 图

8-4-4 电量分别为 $q_1 = 1.6 \times 10^{-19}$ C 和 $q_2 = -1.6 \times 10^{-19}$ C 的两个点电荷，处在电场中 a、b 两点，它们的电势能分别为 4.8×10^{-17} J 和 -1.2×10^{-17} J，问 a、b 两点电势差 U_{ab} 是多少？b、a 两点电势差 U_{ba} 又是多少？

8-4-5 把一个电量为 1×10^{-5} C 的正电荷从电场中 a 点移到 b 点，反抗电场力所做的功是 6×10^{-5} J，求 a、b 两点电势差 U_{ab} 是多少？哪一点电势高？

8-4-6　把电荷从电势为 $1.0\times10^2\,\text{V}$ 的 a 点移到电势为 $3.0\times10^2\,\text{V}$ 的 b 点，电场力做功 $3.0\times10^{-5}\,\text{J}$，被移动的是正电荷，还是负电荷？电量是多少？

相关链接

伏　特

　　伏特（1745—1827）出生于意大利科莫一个富有的天主教家庭里。伏特在青年时期就开始了电学实验，后来发明了伏特电堆，这是历史上的神奇发明之一。他发现导电体可以分为两大类。第一类是金属，它们接触时会产生电势差；第二类是液体（在现代语言中称为电解质），它们与浸在里面的金属之间没有很大的电势差。他把一些第一类导电体和第二类导电连接，使得每一个接触点上的电势差可以相加，他把这种装置称为"电堆"。电堆能产生连续的电流，且其强度的数量级比从静电起电机得到的电流大，由此开始了一场真正的科学革命。

　　后人为了纪念他，把电压的单位定为伏［特］。

类　比　法

　　在物理学研究中，常常将已知的现象和过程同未知的物理现象和过程相比较，找出它们的共同点、相似点，然后以此为根据推测出未知的物理现象和过程的特性和规律，这就是物理学研究中的类比法。类比法是将一种特殊的知识推移到另一种特殊对象的思维方法。它是以比较作为前提的，没有比较就谈不上类比。

　　物理学研究中，类比的形式多种多样，有物理现象之间的类比，也有物理现象同其他事物的类比，还有数学形式的类比等。类比的结论是建立在逻辑推理的基础上的，类比法本身不保证结论正确，还需要实验加以验证。

　　类比法在物理学研究中有着极其重要的作用，首先，它有探索功能，即通过类比，由已知探索未知；其次，它具有解释功能，通过类比，往往可以更形象更直观地揭示研究对象的特性和规律，使之更容易为人们理解。

第五节　匀强电场中电势差和场强的关系

学习目标

　　掌握匀强电场中电势差与电场强度的关系，能进行简单计算。

场强 E 和电势 V 都是描述电场性质的物理量，它们之间必然存在一定的关系。下面在匀强电场中讨论它们之间的关系。

如图 8-15 所示，电场为匀强电场，设沿电场线方向上有相距为 d 的 a、b 两点，两点间的电势差为 U，电场方向由 a 指向 b。

如果把正电荷 q 放在 a 点，它在电场力作用下运动到 b 点，在此过程中电场力做的功为 $W=Fs=qEd$，此功也可用电势差来计算，$W=qU$。显然，$qU=qEd$，故有

$$U=Ed$$

或
$$E=\frac{U}{d} \tag{8-11}$$

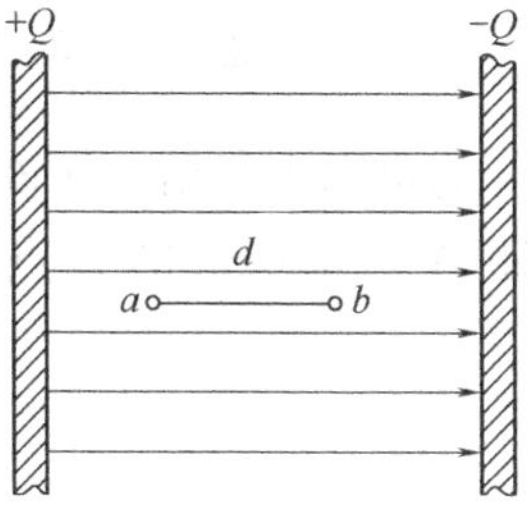

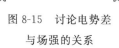

图 8-15 讨论电势差
与场强的关系

式（8-11）表明，在匀强电场中，电场强度的大小等于两点间的电势差与两点沿电场方向的距离的比值。也就是说，电场强度在数值上等于沿电场方向上单位距离两点间的电势差。

式（8-11）还表明，电场强度有另外一个单位：伏/米（V/m），它和前面学过的单位 N/C 相同。

上节学过，电场线指向电势降低的方向，而在匀强电场中，场强的方向与电场线方向相同，所以场强的方向也指向电势降低的方向。

【例题】 如图 8-16 所示，两金属板 A、B 平行放置，两板间距离为 2.0cm。用电压为 30V 的电池组使它们带电，设两板间为匀强电场，求场强。

已知 $d=2.0\times10^{-2}$ m，$U=30$V。

求 E。

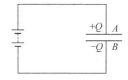

图 8-16 平行金属板间的匀强电场

解 两金属板间电势差等于电池组电压，即 $U=30$V

由 $E=\dfrac{U}{d}$ 得

$$E=\frac{30}{2.0\times10^{-2}}=1.5\times10^3(\text{V/m})$$

因为 $V_A>V_B$，所以 E 的方向由 $A\rightarrow B$

答：场强大小为 1.5×10^3 V/m，方向由 A 板指向 B 板。

习题 8-5

8-5-1 下面说法正确吗？

（1）根据 $U=Ed$，匀强电场中任意两点间的距离越大，两点间的电势差越大。

（2）匀强电场中，电荷沿垂直某一条电场线的直线运动时，电场力不做功。

（3）电场线垂直于等势面，并指向电势降低的方向。

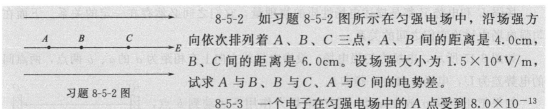

习题 8-5-2 图

8-5-2　如习题 8-5-2 图所示在匀强电场中，沿场强方向依次排列着 A、B、C 三点，A、B 间的距离是 4.0cm，B、C 间的距离是 6.0cm。设场强大小为 $1.5 \times 10^4 \text{V/m}$，试求 A 与 B、B 与 C、A 与 C 间的电势差。

8-5-3　一个电子在匀强电场中的 A 点受到 8.0×10^{-13} N 的电场力作用，问该点的场强是多少？如果电子在电场力作用下沿电场力方向运动到距 A 点 1.0cm 的 B 点，那么 A、B 两点间的电势差 U_{AB} 是多少？

*第六节　静电场中的导体

学习目标

1. 了解静电平衡状态、静电感应现象、静电屏蔽现象。
2. 理解导体处于静电平衡时的性质。

一、静电感应

金属导体中存在大量可以自由移动的电子。在正常状态下，导体中含有等量的正、负电荷，且分布均匀，导体对外不显电性。如果将导体放入电场中，金属导体中的自由电子在电场力作用下，将发生定向移动［见图 8-17(a)］，使导体两端出现等量的异种电荷。像这种**在外电场作用下，导体上电荷重新分布的现象，称为静电感应**。由静电感应引起的电荷，称为感应电荷。

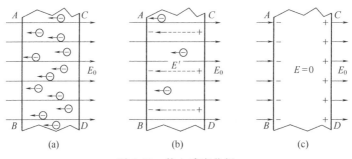

图 8-17　静电感应分析

二、静电平衡

由于静电感应，在导体两端出现的等量异种电荷将在导体内部产生一个附加的电场 E'，其方向与外电场 E_0 相反［见图 8-17(b)］。随着感应电荷的不断增多，E' 也不断增大，直到 $E' = E_0$ 时，导体内部的总场强 $E = E_0 - E' = 0$。此时，导体内的自由电荷不再发生定向移动［见图 8-17(c)］。

导体中（包括表面）电荷不再发生定向移动的状态，称为静电平衡状态。

导体处于静电平衡时，导体表面各点的场强必定与导体表面垂直，否则，场强将沿导体表面有一分量，自由电荷将在该分量的作用下沿物体表面移动，导体就不能处于静电平衡状态。

因此，导体处于静电平衡状态时，具有以下性质。

① 导体内部任一点的场强为零；

② 导体表面任一点的场强都垂直于该处表面。

由于导体处于静电平衡时内部场强为零，表面场强与表面垂直，所以在导体内部或表面上任意两点间移动电荷时，电场力都不做功，由此可知，导体上任意两点间的电势差都为零。因此，导体处于静电平衡状态时，**导体上各点电势都相等，导体表面为等势面，整个导体为等势体**。

三、静电平衡时导体上电荷的分布

理论和实验都证明：当导体处于静电平衡时，带电导体内部没有电荷，电荷只分布在导体表面上。如图 8-18 所示，空心金属球是一个带电体，用带绝缘柄的金属小球（验电球）接触空心金属球内壁后，再与验电器接触，验电器箔片不张开；验电球接触空心金属球外壁后，再与验电器接触，箔片张开。

另外，电荷在导体表面上的分布密度与导体表面曲率有关，表面曲率小的地方（即表面平坦的地方），电荷分布密度小，表面曲率大（即表面弯曲厉害）的地方，电荷分布密度大。如图 8-19 所示，使尖形绝缘导体带电，用验电球分别与导体的 A、B、C 各点接触后再与验电器接触（注意，接触各点之前，要将验电球上原有的电荷导走）。结果发现，验电球接触 C 点时，箔片张角最大，其次是 B 点，最后是 A 点。

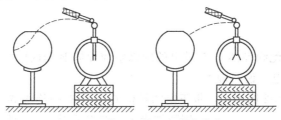

图 8-18　带电导体上电荷的分布

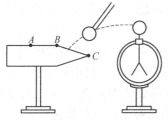

图 8-19　电荷分布密度与导体表面曲率的关系

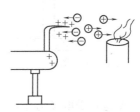

图 8-20　尖端放电

如果导体有尖端，尖端处的电荷分布密度特别大，电场也特别强，容易使附近空气发生电离。在电场力作用下，与导体电荷相反的离子移向导体，发生电荷中和，这种现象称为尖端放电。如图 8-20 所示。

尖端放电现象在实际工作中有着重要的意义。在高大建筑物上安装的避雷针就是尖端放电的应用之一。为防止尖端放电造成能量损失，高压输电线的表面应光滑，高压设备中的电极也往往做成球形。

四、静电屏蔽

静电平衡时，电荷只分布在导体表面及内部场强为零的性质，在技术上得到了广泛的应用。如图 8-21（a）所示，当带正电的金属球接近验电器时，由于静电感应，验电器的小球带负电，箔片带正电而张开一定角度。如果用金属网把验电器罩起来，当带电的金属球再去接近验电器时，验电器的箔片就不张开，如图 8-21（b）所示。由此可见，金属网能使网内不受外电场的影响。

除此以外，还可以做这样的实验：把一个带电体放在金属网罩内，将验电器移近网罩，验电器的箔片张开一定的角度；但如果把网罩接地，再将验电器移近网罩，验电器的箔片不再张开。这个实验说明，一个接地的金属网罩，除能使网内空间不受外电场的影响外，还能使网外空间不受网内电场的影响。

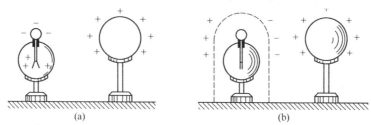

图 8-21　静电屏蔽

一个接地的金属网罩，可以隔离内外电场的相互影响，这就是静电屏蔽。在通讯电缆外面包上一层铅皮、在电子仪器外面安装金属外壳、在高电压设备外围设置金属罩等，都是静电屏蔽现象的实际应用。

习题 8-6

8-6-1　不带电的绝缘导体 A 与带电的绝缘空腔导体 B 的内壁接触后，问 B 的带电量有何变化？A 是否带电？说明理由。

8-6-2　如习题 8-6-2 图所示，带正电的导体 Q 近旁有一绝缘导体 AB，若 A 端接地，则哪端带电？若 B 端接地，则哪端带电，为什么？带何种电荷？

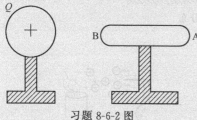

习题 8-6-2 图

8-6-3　（1）如习题 8-6-3 图所示，将一个带正电的金属小球 B 放在一个开有小孔的绝缘金属壳内，但不与金属壳接触，将另一带正电的检验电荷 A 移近时 [见习题 8-6-3 图（a）]，A 是否受电场力作用？

（2）若使小球跟金属壳内部接触 [见习题 8-6-3 图（b）]，A 是否受电场力作用？这时再将小球 B 从壳内移去，情况如何？

（3）如情况（1），使小球不与壳接触，但金属壳接地 [见习题 8-6-3 图（c）]，A 是否受电场力作用？将地线拆掉后，再把小球 B 从壳内移去，情况如何？

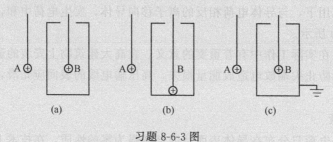

习题 8-6-3 图

8-6-4　三个相同的绝缘金属导体球，一个带正电，两个不带电，用什么办法使原本不带电的球

(1) 都带负电；

(2) 带等量异种电荷。

第七节　电容器　电容

学习目标

1. 掌握电容的概念，会计算平行板电容器的电容。

2. 理解影响平行板电容器电容的因素。

一、电容器

电容器是收音机、电视机以及其他电子仪器中的常用元件。两个彼此绝缘而又互相靠近的导体，就组成一个电容器，这两个导体称为电容器的两个极。两块平行放置且互相靠近的金属板就组成了一个简单的电容器，称为平行板电容器。

如图 8-22 所示，用导线将电源的正、负极分别接在电容器的两极上，两个极板上便分别带上了等量异种电荷，这个过程称作给电容器充电，每个极板所带电量的绝对值，称作电容器所带的电量。

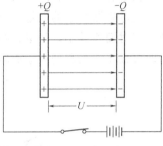

图 8-22　电容器充电

使电容器失去电荷，称为电容器放电。用一根导线把电容器两极板连接起来，两极上的电荷互相中和，电容器就不带电了。

二、电容

电容器充电后，电容器两极之间就会存在一定的电势差。实验证明，对同一电容器来说，它所带的电量越多，两极间的电势差越大，电量和电势差成正比，两者的比值是一个恒量。对不同的电容器这个比值不同。可见，该比值反映了电容器本身的性质。

电容器所带电量 Q 与两板间的电势差 U 之比，称为电容器的电容量，简称电容。电容以 C 表示。

$$C = \frac{Q}{U} \tag{8-12}$$

在 SI 中，电容的单位是法拉，简称法，用符号 F 表示。

$$1F = 1C/V$$

在实际应用中，法这个单位过大，常用微法（μF）和皮法（pF）作为电容单位。它们的换算关系如下。

$$1F = 10^6\,\mu F = 10^{12}\,pF$$

三、平行板电容器

电容是反映电容器储存电荷本领的物理量，它的大小取决于电容器本身的条件，而与它

的带电状态无关。现在来研究平行板电容器的电容与哪些因素有关。

如图 8-23 所示，平行板电容器带电后，用静电计测量 A、B 两极板间的电势差，当静电计的金属外壳和电容器的负极板连接或同时接地，静电计的金属球与电容器的正极连接时，指针的偏角就表示两极板间电势差的大小。

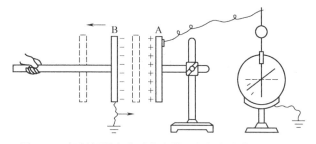

图 8-23　极板间距变化对电容器两极板间电势差的影响

使电容器所带的电量和两极板的正对面积保持不变，而改变两极板间的距离，可以观察到距离越大，电势差越大，由 $C = \dfrac{Q}{U}$ 可知，当 Q 不变时，U 变大，说明 C 变小。由此可知，平行板电容器的电容随两极板间距离的增大而减小。

使电容器所带的电量和极板间的距离保持不变，而改变两极板的正对面积，则可以观察到，正对面积越小，静电计指示的电势差越大（见图 8-24）。这说明，平行板电容器的电容随两极板正对面积的减小而减小。

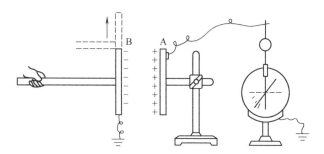

图 8-24　极板正对面积变化对电容器两极板间的电势差的影响

使两极板所带的电量以及它们之间的距离和正对面积都不变，而在两极板之间插入电介质（见图 8-25），则可观察到，静电计指示的电势差变小。这说明，电容器的电容变大。

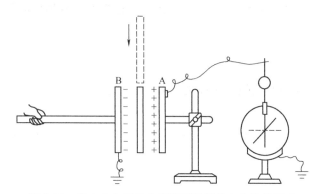

图 8-25　插入电介质对电容器两极间的电势差的影响

实验和理论都证明,当两极板间为真空(或空气)时,平行板电容器的电容为

$$C_0 = \frac{\varepsilon_0 S}{d} \tag{8-13}$$

式中,S 为两块极板的正对面积;d 为两极板间的距离;ε_0 为真空介电常数。当 S、d、C_0 都采用 SI 单位时,$\varepsilon_0 = 8.9 \times 10^{-12} \, \text{F/m}$。

四、电介质对电容的影响

电介质就是绝缘物质。例如,空气、纯水、煤油、云母、石蜡和玻璃等都是电介质。实验表明,平行板电容器极板间充满某种电介质后,它的电容 C 就由真空(或空气)时的电容 C_0 增大至 ε_r 倍,即

$$C = \varepsilon_r C_0 \tag{8-14}$$

式中,$\varepsilon_r = \dfrac{C}{C_0}$ 称为电介质的相对介电常数,它表示电介质对电容的影响程度。部分电介质的相对介电常数见表 8-1。

表 8-1　部分电介质的相对介电常数

电 介 质	空 气	石 蜡	陶 瓷	玻 璃	云 母
ε_r	1.0005	2.0~2.1	6	4~11	6~8

由式(8-13)和式(8-14)可得

$$C = \frac{\varepsilon_r \varepsilon_0 S}{d} \tag{8-15}$$

式(8-15)称为平行板电容器的电容公式。

五、常用电容器

电容器种类繁多,从构造上看可分为固定电容器和可变电容器两类。

固定电容器的电容是固定不变的。常用的有聚苯乙烯电容器和电解电容器。如图 8-26 (a) 所示,聚苯乙烯电容器是在两层锡箔或铝箔中间夹聚苯乙烯薄膜,卷成圆柱体制成的。电解电容器是用铝箔作一个极板,用铝箔上很薄的一层氧化膜作电介质,用浸过电解液的纸作另一个极板制成的,其极性是固定的,不能接错,如图 8-26(b) 所示。

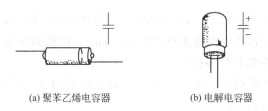

(a) 聚苯乙烯电容器　　　　(b) 电解电容器

图 8-26　固定电容器及其符号

可变电容器由两组铝片组成,它的电容是可以改变的。固定的一组铝片叫定片,可以转动的一组铝片叫动片。转动动片,使两组铝片的正对面积发生变化,电容就随着改变,如图 8-27 所示。

电容器上一般标有两个参数:电容和额定电压。使用时不要超过额定电压,否则电容器将被损坏。

电容器是现代电工技术和电子技术中的重要元件。其大小、形状不一,有大到比人还要高的巨型电容器,也有小到肉眼无法看见的微型电容器。在超大规模集成电路中,1cm^2 可

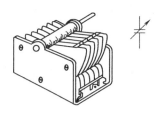

图 8-27　可变电容器及其符号

容纳数以万计的微型电容器。随着纳米技术的发展，更微小的电容器将会出现，电子技术正日益向微型化方向发展。同时，电容器的大型化也日趋成熟，利用高容量的电容器可获得高强度的激光束，为实现人工控制核聚变等高科技技术提供了条件。

【例题】　一个平行板电容器，两极板间是空气，两个板的正对面积是 15cm^2，两极板相隔 0.20mm，两极板的电势差为 $3.0\times10^2\text{V}$，求电容器的电容及所带的电量。

已知 $S=15\text{cm}^2=1.5\times10^{-3}\text{m}^2$，$U=3.0\times10^2\text{V}$，$d=0.20\text{mm}=2.0\times10^{-4}\text{m}$。

求 C，Q。

解　由平行板电容器的电容公式有

$$C=\frac{\varepsilon_r\varepsilon_0 S}{d}=\frac{1\times8.9\times10^{-12}\times1.5\times10^{-3}}{2.0\times10^{-4}}\approx6.7\times10^{-11}(\text{F})$$

由 $C=\dfrac{Q}{U}$ 可得

$$Q=CU=6.7\times10^{-11}\times3.0\times10^2\approx2.0\times10^{-8}(\text{C})$$

答：电容器的电容为 $6.7\times10^{-11}\text{F}$，它所带的电量为 $2.0\times10^{-8}\text{C}$。

习题 8-7

8-7-1　由 $C=\dfrac{Q}{U}$ 知，电容器的电容量 C 与 Q 成正比，与 U 成反比，这样理解正确吗？为什么？

8-7-2　三个电容器的电容之比为 $1:2:5$，若使它们的电势差相同，则它们所带电量之比为多少？

8-7-3　一个电容器带电 $1\times10^{-5}\text{C}$，两极间电势差是 $2\times10^2\text{V}$，这个电容器的电容是多少？

8-7-4　一平行板电容器，两板正对面积是 45cm^2，两极间距为 0.30mm，当板间夹有云母（$\varepsilon_r=6$）时，它的电容是多少？

8-7-5　电容为 300pF 的平行板电容器，两极板间是空气，两极板相距 1.0cm，使它带有 $6.0\times10^{-7}\text{C}$ 电荷时，求：

（1）两极板间的电势差；

（2）两极板间的电场强度。

相关链接

照相用的闪光灯

照相用的闪光灯利用电容器的充放电来工作。闪光灯管工作的时间很短，大约只有千分之一秒，工作电流却很大，可达数百安，一般小型电源难以应付，电容器可以解决这个问题。闭合闪光灯开关后，电源以较小的电流用较长的时间为电容器充电，摄影时电容器通过闪光灯管迅速放电，发出耀眼的白光。

闪光灯用过一次之后要过几秒钟才能再次闪光，这段时间就是电容器的充电时间。

*第八节　带电粒子在匀强电场中的运动

学习目标

1. 掌握带电粒子在匀强电场中的运动规律，并能分析、解决加速和偏转方面的问题。
2. 了解示波管的构造和基本原理。

带电粒子在电场中受到电场力的作用，其运动状态要发生变化，在现代科学实验和技术设备中常根据这一原理，利用电场来改变或控制带电粒子的运动。下面介绍利用电场使带电粒子加速和偏转的两种情况。

一、带电粒子的加速

如图 8-28 所示，真空中有一对平行金属板，两极板间电势差为 U，设有一质量为 m、电量为 q 的带正电的粒子在电场力作用下，以初速度 v_0 平行进入电场，沿电场方向从正极板向负极板运动，到达负极板时速度为 v，那么带电粒子在运动过程中，电场力所做的功 $W = qU$。由动能定理可知

$$W = \frac{1}{2}mv^2 - \frac{1}{2}mv_0^2$$

若 $v_0 = 0$，则由上式可得

$$v = \sqrt{\frac{2qU}{m}} \tag{8-16}$$

由式 (8-16) 可知，带电粒子经高电压加速后，可获得极大的速度，并因此具有足够高的能量。电视机、计算机和显示屏中的电子就是在上万伏电压的加速下撞击荧光屏而发光的。

二、带电粒子的偏转

带电粒子进入电场时，如果初速度方向与电场方向不平行，它将在电场力的作用下发生偏转。在这里，我们只研究带电粒子垂直进入电场的情况。如图 8-29 所示，真空中相距为 d 的平行金属板，板间电压为 U，设带电粒子为 q，以初速度 v_0 垂直进入电场，它将受到垂直于 v_0 的电场力 F 的作用，由于带电粒子在 v_0 方向上不受力，因此，带电粒子将做类似于重力场中物体的平抛的运动，它偏转的距离与电压成正比。

三、示波器的原理

有一种电子仪器称作示波器，在科研、医疗和仪器检修中广泛使用，它可以用来观察电信号随时间变化的情况。示波器的核心部分——示波管就是利用电场来控制带电粒子运动的实例。

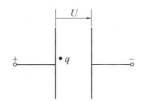

图 8-28 带电粒子的加速

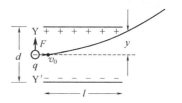

图 8-29 带电粒子的偏转

示波管由电子枪、偏转电极和荧光屏组成。这些部件被密封在抽成真空的玻璃管内，如图 8-30 所示。

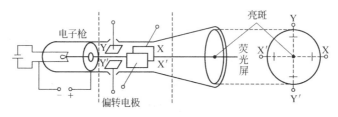

图 8-30 示波管

电子枪的作用是产生电子射线。灯丝通电后使阴极加热而发射电子，若偏转电极上不加电压，电子将沿直线加速飞向荧光屏，在荧光屏上形成一个亮斑。

偏转电极有两组，水平偏转电极 XX' 和竖直偏转电极 YY'。电子通过水平偏转电极时，在偏转电场的作用下，沿水平方向偏转，偏移距离与极板上所加电压成正比，调节该电压，可使亮斑在水平方向移动。同理，调节竖直偏转极板上的电压，可使亮斑在竖直方向移动。故荧光屏亮斑的位置可由加在水平偏转极板和竖直偏转极板上的电压来控制。改变加在两组极板上的电压，亮斑可以在荧光屏上按电压变化的规律移动。

为显示被测电信号的波形，在水平偏转极板上加特定的周期性变化的电压，可使亮斑沿水平方向从一侧运动到另一侧，然后迅速返回原处，再迅速移向另一侧。如此反复，称为扫描，所加电压称为扫描电压。一般扫描电压变化很快，由于视觉暂留和荧光物质的残光，亮斑看起来成为一条水平的亮线。

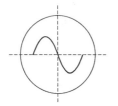

图 8-31 正弦信号曲线图

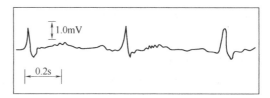

图 8-32 正常人的心电图

通常，所要测量的信号电压加在竖直偏转的极板上。如果信号电压是周期性的，且周期与扫描电压的周期相同，在荧光屏上就显示出信号电压随时间变化的曲线，如图 8-31 所示，这是正弦信号的曲线图。人的心脏表面和心肌层之间的电势差发生变化，其规律也可在示波器上显示出来，如图 8-32 所示，这就是正常人的心电图。

习题 8-8

8-8-1　在研究微观粒子时常用电子伏特（eV）（简称电子伏）作能量的单位。一个电子经 1V 电压加速后，所获得的能量为 1eV。

　　试证：1eV＝1.60×10⁻¹⁹J。

　　8-8-2　有一静电加速器，加速电压为 $2.4×10^4$V，问电子加速后的动能是多大？速度是多少？（电子质量 $m=9.1×10^{-31}$kg）

*第九节　电　介　质

学习目标

　　理解电介质的极化现象，了解电介质的击穿原因。

一、电介质的极化

　　前面学过，绝缘物质又称为电介质。通常情况下电介质不导电，对外呈电中性。金属导体由于内部存在自由电子，故将其放在外电场中时，自由电子会在电场力作用下做宏观的定向移动，形成电流。对于电介质来说，其原子中的原子核与电子之间的吸引力很大，电子和原子核结合得非常紧密。当把电介质放在外电场中时，电介质中的电子等带电粒子只能在电场力作用下做微观的局部移动。这表现为每个原子的正电荷中心偏向顺着电场线的方向，而负电荷的中心会偏向逆着电场线的方向。从宏观上看，与外电场垂直的介质的两个表面将出现正负电荷，从而使介质显示出电性。这种现象称为**电介质的极化**。介质表面出现的电荷称为**极化电荷**。必须指出，这种正电荷或负电荷不能用诸如接地之类的导电方法使其脱离电介质中原子核的束缚而单独存在，因此它们又称作**束缚电荷**。

　　经丝绸摩擦过的玻璃棒带正电，它能吸引纸屑。这是为什么？如图 8-33 所示，玻璃棒上的电荷在周围产生非匀强电场，纸屑在电场中被极化，正负极化电荷分别受电场力的作用。由于靠近玻璃处的电场强，故负电荷受到的吸引力比正电荷受到的斥力大，因此，纸屑被吸引。

　　前面还讲过，电容器充满电介质后，其电容将变大，这也是由电介质极化引起的。真空中平行板电容器两极板间的电压为 U，带电量为 Q，其电容 $C_0=\dfrac{Q}{U}$，若极板间充以电介质，则在板间电场作用下，电介质的两个表面出现正、负极化电荷，如图 8-34 所示。极化电荷的电场与原电场反向，削弱了原来的电场。根据场强与电压的关系，可知板间电压降低，由于电容器两极板的带电量不变，故电容器的电容增大。

二、电介质的击穿

　　当电介质处于强电场中时，电介质的电子挣脱原子核的束缚成为自由电子，电介质失去绝缘性质而成为导体。这一过程称为电介质击穿。恰能使电介质击穿的电压和场强分别称为电介质的击穿电压和击穿场强。

　　造成电介质击穿的因素十分复杂。除了加在电介质上的电压过高外，还有因温度过高而导致的热击穿，电介质化学性能发生变化导致的化学击穿等。此外，电介质老化也会使电介质的绝缘性能受到破坏乃至失去绝缘作用。

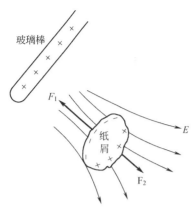

图 8-33　纸屑在电场中的极化

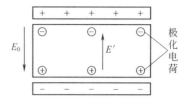

图 8-34　平行板电容器两极板表面的
正、负极化电荷

相关链接

静电的防止和利用

在自然界中，因摩擦而产生静电的现象很多。这些静电常给我们带来麻烦，甚至造成危害。

在纺织厂，因摩擦带电而使纤维互相排斥散开，给加捻成纱造成困难；在印染厂，摩擦带电使棉纱、绒线等吸引空气中的尘埃，降低了印染质量；在印刷厂，因摩擦而带电的纸张常常吸附在滚筒上，影响连续印刷；汽车上的收音机，在干燥季节里常因轮胎与地面摩擦产生的静电干扰而无法收音；狂风卷起的沙砾，由于摩擦往往携带大量电荷，从而中断无线电通信，甚至引起航空、铁路等自动信号系统的失误而造成严重后果。在煤矿矿井里，在油罐车上，在油库中，因摩擦而积累的静电荷，在火花放电时能引起爆炸而造成重大损失。

如何防止静电的危害呢？首先是减少静电的产生。实验表明，相互摩擦的物体因材料不同，带电效果有的显著，有的微弱，因此对于经常产生静电的零部件的材料进行选择，就能大大破坏静电产生的条件。其次是尽快把产生的静电导走，避免越集越多。例如，在油罐车上托一根接地的金属链条，使大型油罐有多个良好的接地极，利用导电橡胶、导电塑料代替普通橡胶和普通塑料，在普通纤维中掺入导电纤维等，效果都不错。此外，适当增加空气的

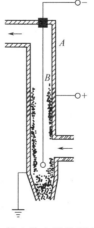

图 8-35　静电除尘器的原理示意图

湿度，也能使静电很快消失。

静电并不总是有害的。目前，静电在各种产业和日常生活中有着重要的作用。如静电除尘、静电喷涂、静电植绒、静电分选、静电复印等，所依据的基本原理几乎都是让带电的物质微粒在电场力的作用下奔向并吸附到电极上。下面着重介绍静电除尘技术。

例如，以煤为燃料的工厂、电站，每天排出的烟带走大量的煤粉，不仅浪费燃料，而且造成严重的环境污染。静电除尘器可以消除烟气中携带的煤粉。图 8-35 是这种装置的原理示意图，它由金属管 A 和悬在管中的金属丝 B 组成，A 接高压电源正极，B 接高压电源负极。A、B 之间形成强电场。金属丝 B 附近的空气分子被强电场电离为电子和正离子。正离子跑到金属丝 B 上，得到电子后又变成空气分子。电子奔向金属管 A 的过程中，遇到烟气中的煤粉，使煤粉带负电而被吸附到 A 上，最后在重力作用下落入下面的漏斗中。这样，经过静电除尘后排出的烟就变为清洁的了。

静电除尘也可用于粉尘较多的其他场所，以除去空气中对人们有害的微粒。静电除尘还可用来回收物资，如回收水泥粉尘等。

本章小结

一、电荷守恒定律

电荷既不能创造，也不能消灭，只能从一个物体转移到另一个物体，或者从物体的一部分转移到另一部分，在转移的过程中，电荷的总量不变。

二、库仑定律

真空中两个点电荷之间相互作用力的大小与它们电量的乘积成正比，与它们之间距离的平方成反比，作用力的方向在它们的连线上。公式如下

$$F = k\frac{q_1 q_2}{r^2}$$

三、电场强度

电场中某点的电场强度等于检验电荷在该点所受电场力与它的电量的比值。定义式如下

$$E = \frac{F}{q}$$

点电荷形成的电场中某点的场强为

$$E = k\frac{Q}{r^2}$$

四、电势 电势差

电场中某点的电势等于检验电荷在该点所具有的电势能与它的电量的比值。定义式如下

$$V = \frac{E_p}{q}$$

电场中两点电势的差值，称为这两点之间的电势差。表达式如下

$$U_{ab} = V_a - V_b$$

电场力做功与电势差的关系为

$$W_{ab} = qU_{ab}$$

匀强电场中电场强度与电势差的关系为

$$E = \frac{U}{d}$$

*五、静电场中的导体

导体在外电场作用下，导体上的电荷会重新分布，这种现象叫静电感应。静电感应所引起的电荷，叫

感应电荷。

　　导体中（包括表面）电荷不再发生定向移动的状态，叫做静电平衡状态。导体处于静电平衡状态的条件是：导体内部任一点的场强为零；导体表面任一点的场强都垂直于该处表面。

　　导体处于静电平衡状态时，导体表面为等势面，整个导体为等势体。导体上的电荷只分布在导体表面上，并且表面曲率小的地方电荷分布密度小，表面曲率大的地方电荷分布密度大。

六、电容器的电容

　　电容器的电容等于它所带电量与两极间电势差的比值。定义式如下

$$C = \frac{Q}{U}$$

　　平行板电容器的电容与两极板间距 d 成反比，与两极正对面积 S 和两板间介质的相对介电常数 ε_r 成正比。即

$$C = \frac{\varepsilon_0 \varepsilon_r S}{d}$$

*七、带电粒子在电场中的加速

　　质量为 m，带电量为 q 的带电粒子，以初速度 v_0 平行进入电场，经电压 U 加速后，可得到一定的速度 v。

$$qU = \frac{1}{2}mv^2 - \frac{1}{2}mv_0^2$$

　　若 $v_0 = 0$，则

$$v = \sqrt{\frac{2qU}{m}}$$

复习题

一、判断题

1. 带电体所带电量是基本电荷的整数倍。（　　）

2. A、B 两个带电小球，其电量 $Q_A = 9Q_B$，则 A 球受的静电力是 B 球的 9 倍。（　　）

3. 公式 $E = \dfrac{U}{d}$ 可用于点电荷形成电场的场强的计算。（　　）

4. 电场强度大的地方，电荷的电势能一定大。（　　）

*5. 静电平衡时，导体表面上各点电势相等。（　　）

二、选择题

1. 两个点电荷间的作用力为 F，距离为 r，要使它们之间的作用力变为 $\dfrac{F}{2}$，它们之间的距离应变为（　　）

A. $2r$　　　　　　B. $\dfrac{r}{2}$　　　　　　C. $\sqrt{2}\,r$　　　　　　D. $\dfrac{r}{\sqrt{2}}$

2. 真空中两个等量异号电荷的电量均为 q，相距为 r，两点电荷连线中点处的场强为（　　）

A. 0　　　　　　B. $4kq/r^2$　　　　　　C. $8kq/r^2$　　　　　　D. $2kq/r^2$

3. 如复习题图 8-1 所示的电场中有 A、B 两点，则对 A、B 两点的场强和电势表达正确的是（　　）

A. $E_A > E_B$；$V_A > V_B$　　　　　　B. $E_A > E_B$；$V_A < V_B$

C. $E_A < E_B$；$V_A > V_B$　　　　　　D. $E_A < E_B$；$V_A < V_B$

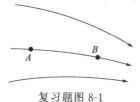

复习题图 8-1

4. 一电容器充电后与电源断开。当增大两极板间距离时，电容器所带电量 Q、电容 C、两极板间电压 U 的变化情况是（　　）

A. Q 变小，C 不变，U 不变

B. Q 变小，C 变小，U 不变

C. Q 不变，C 变小，U 变大

D. Q 不变，C 变小，U 变小

三、填空题

1. 有两个带有异种电荷的小球，一个带电 2.0×10^{-10} C，另一个带电 -3.0×10^{-10} C，两个电荷间的距离是 0.30m，则相互之间的吸引力为 _____ N。

2. 电场强度的方向与该点 _____ 检验电荷受力方向一致，但场强本身却与检验电荷 _____ 关。

3. 电势差又称为 _____，$U_{ab} =$ _____ U_{ba}。

4. 电场力做正功，电荷的电势能 _____；电场力做负功，电荷的电势能 _____。

5. 匀强电场是指各点场强 _____ 相等、_____ 都相同的电场。

6. 若平行板电容器一直与电源保持相连，当电容变化时，_____ 不变；若充电后切断电源，当电容变化时，_____ 不变。

7. 在点电荷形成的电场中，距电荷越近处，场强越 _____；越远处，场强越 _____，在无限远处场强变为 _____。

四、计算题

1. 距离带电量为 1.6×10^{-10} C 的点电荷 3.0cm 的一点 A 的场强是多大？如果要使 A 点的场强为零，则应在何处放一带电量为 4.0×10^{-9} C 的点电荷？

2. 将一电量为 1.7×10^{-8} C 的点电荷从电场中的 A 点移到 B 点，克服电场力做功 5.1×10^{-8} J，问 A、B 两点间的电势差是多少？设 B 点电势为零，问 A 点电势多大？

3. 真空中，两块正对面积为 0.010m^2 的平行金属板，板间距离为 0.010m，板上带电量为 1.0×10^{-7} C，试求：

（1）平行板电容器的电容；

（2）两板间的电势差；

（3）两板间的场强大小；

（4）作用在置于两板间的电子上的力的大小。

自 测 题

一、判断题

1. 负检验电荷在电场中的受力方向与该点的场强方向相反。（　　）

2. 电场线不闭合，但可以相交。（　　）

3. 场强为零的地方，电势也一定为零。（　　）

*4. 静电平衡时，导体内部场强处处为零。（　　）

5. 电容器的电容和它所带的电量及外加电压有关。（　　）

二、选择题

1. 已知点电荷 A 的电量是点电荷 B 的 2 倍，则 A 对 B 作用力的大小跟 B 对 A 作用力的大小的比值为（　　）

A. 1：1　　　　　　　　B. 1：2　　　　　　　　C. 2：1　　　　　　　　D. 无法确定

2. 电场中某点不放检验电荷 q_0，在下列关于该点场强的说法中，正确的是（　　）

A. 场强变为零，因为电场力 $F = 0$

B. 场强变为无穷大，因为 $q_0 = 0$

C. 场强不变，因为场强跟检验电荷是否存在无关

D. 以上说法都不正确

3. 如自测题图 8-1 所示，用 V_A、V_B 表示 A、B 两处的电势，则（　　）

A. 电场线从 A 指向 B，所以 $V_A < V_B$

B. 电场线的方向是电势降低的方向，所以 $V_A > V_B$

C. A、B 在同一条电场线上，且电场线是直线，所以 $V_A = V_B$

D. 以上说法都不正确

自测题图 8-1

4. 由电容的定义式 $C = \dfrac{Q}{U}$ 可知（　　）

A. 电容器所带的电荷量越多，它的电容就越大

B. 电容器不带电时，它的电容为零

C. 电容器两极板间电压越高，它的电容越小

D. 电容器电容与电容器所带电量无关

5. 能使平行板电容器的电容增大的方法是（　　）

A. 两极板正对面积减少

B. 两极板间距增大

C. 插入电介质

D. 以上的说法都不正确

三、填空题

1. 在一正点电荷激发的静电场中的 A 点，放入一正检验电荷 q_0，若 q_0 的电量变为原来的 $\dfrac{1}{n}$，则它受到的电场力变为原来的____倍，A 点的场强将变为原来的____倍，A 点的电势将变为原来的____倍。

2. 一个带电小球，带有 5.0×10^{-9} C 的负电荷。当把它放在电场中某点时，受到方向竖直向下、大小为 2.0×10^{-8} N 的电场力作用，则该处的场强大小为_____N/C，方向_____。

3. 电场线上有 A、B 两点，静止的负电荷只在电场力作用下，将由 A 点移至 B 点，则_____点电势较高。

4. 在电场中有 A、B 两点，A 点的电势为 500V，B 点的电势为 300V，A、B 两点间的电势差为_____V。将电量为 5.0×10^{-9} C 的负电荷从 A 点移到 B 点，电场力做了_____J 的功。

四、计算题

1. 在真空中，点电荷 Q 的带电量为 2.0×10^{-7} C，距离 Q 为 0.10m 处的场强大小是多少？如果在该点放一电量为 1.57×10^{-7} C 的电荷 q，则 q 受到的电场力为多大？

2. 在自测题图 8-2 所示的匀强电场中，有 A、B 点，已知 $V_A = 40$V，$V_B = 10$V。

(1) 如果 A、B 两点间的距离为 0.10cm，两板间的距离为 0.20cm，求场强是多少？两板间的电势差是多少？

(2) 将 $q = -2.0 \times 10^{-7}$ C 的点电荷从 B 点移到 A 点的过程中，电场力做了多少功？电荷的电势能变化了多少？

自测题图 8-2

第九章　恒定电流

在初中已学过直流电路的一些性质和规律，本章将在复习原有知识的基础上，着重讲述电动势的概念和闭合电路欧姆定律，并加强恒定电流基本规律的应用。

本章所述为恒定电流的基本规律及其应用，是工程技术人员必须掌握的基本知识，也是学习电工和电子线路的基础。

第一节　电　　流

学习目标

1. 了解电流的形成条件。
2. 掌握电流强度的概念，并能处理简单问题。

一、电流的形成

电荷的定向运动形成电流。因此，要形成电流，首先要有能够自由移动的电荷——自由电荷，金属导体中的自由电子、电解液中的正负离子，都是自由电荷。但是，只有自由电荷，其运动是杂乱的，也不能形成电流。如果导体两端有电势差，导体内部就存在电场，导体内部的自由电荷在电场力作用下将做定向运动，此时，形成电流。电源可以保持导体两端有一定的电势差，从而使导体中有持续的电流。

导体中的电流既可以由正电荷的定向运动形成，也可以由负电荷的定向运动形成。在电场力的作用下，正电荷将由高电势处向低电势处移动，负电荷将由低电势处向高电势处移动。习惯上规定正电荷的运动方向为电流的方向。这样，导体中电流的方向总是从高电势流向低电势，所以导体中通过电流时，导体两端的电势差又称为电势降落或电压降。

金属导体中电流是由自由电子的定向移动形成的，所以金属导体中电流的方向与自由电子的实际运动方向相反。

二、电流强度

电流的强弱用电流强度表示。**通过导体横截面的电量 q 与通过这些电量所用时间 t 的比值，称为电流强度，简称电流，用 I 表示**。即

$$I = \frac{q}{t} \tag{9-1}$$

在 SI 中，电流的单位是安培，简称安，用符号 A 表示。电流的常用单位还有毫安（mA）和微安（μA），它们的关系如下。

$$1A = 10^3\,mA = 10^6\,\mu A$$

在电路中，方向不随时间改变的电流，称为直流电流；方向和大小都不随时间发生改变的电流，称为**恒定电流**。显然，只有当导体两端保持恒定的电势差时，导体中才能形成恒定电流。

第二节　欧姆定律　电阻定律

学习目标

1. 掌握欧姆定律，理解电阻的概念。
2. 理解导体的伏安特性曲线。
3. 掌握电阻定律，理解电阻率的物理意义。

一、欧姆定律

在导体两端加上电压，导体中就有电流。导体中的电流 I 和导体两端所加电压 U 之间有什么关系呢？德国物理学家欧姆于 1827 年经过精确的实验指出，通过一段导体的电流和导体两端的电压成正比，即

$$I = \frac{U}{R} \quad 或 \quad U = IR \tag{9-2}$$

式中，R 为比例常数，反映导体对电流的阻碍作用，称为导体的电阻。在 SI 中，电阻的单位是欧姆，简称欧，用符号 Ω 表示。$1\Omega = 1V/A$。常用的电阻单位还有千欧（$k\Omega$）和兆欧（$M\Omega$），它们的关系如下。

$$1k\Omega = 10^3\,\Omega$$

$$1M\Omega = 10^6\,\Omega$$

式(9-2) 表示，**导体中的电流与导体两端的电压成正比，与导体的电阻成反比**。这是我们所熟悉的**欧姆定律**。应该注意，该定律仅适用于金属和导电液体，对气体导电不适用。

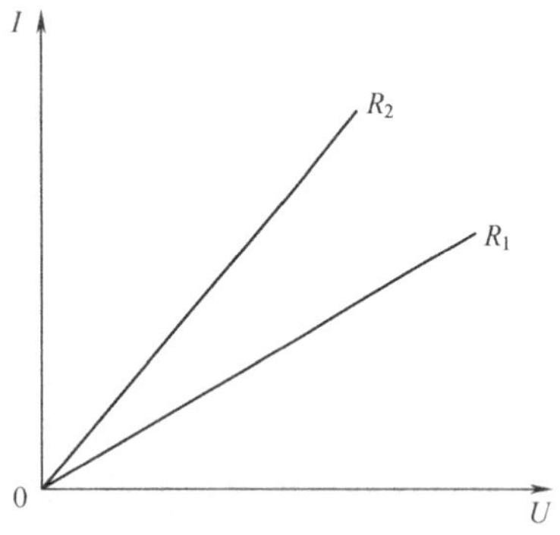

导体中电流与电压的关系还可以用图像来表示。以横坐标表示电压 U，纵坐标表示电流 I，可画出 U-I 图像，该图像称为导体的**伏安特性曲线**。对于金属导体，根据欧姆定律，其电流与电压成正比，所以，它的伏安特性曲线是通过坐标原点的直线（见图 9-1），直线的斜率为电阻的倒数。比较图 9-1 中的 U、I 之比为 R_1 的导体与 U、I 之比为 R_2 的导体，给两者加相同电压，因为 $\dfrac{1}{R_1} < \dfrac{1}{R_2}$，所以后者的电流大，表明其导电性能

图 9-1　导体的伏安特性曲线

好。由此可知，通过导体的伏安特性曲线可以分析导体的导电性能。伏安特性曲线是分析半导体器件导电性能的重要手段。

下面讨论 R 的物理意义。

二、电阻定律

实验表明，对同一导体，无论电压和电流的大小如何变化，导体温度不变时，比值 R 都相同；对不同的导体，R 值一般不相同。这表明 R 是一个与导体本身性质有关的量。导体的 R 越大，在同一电压下，通过导体的电流越小。可见比值 R 反映的是导体对电流的阻碍作用，把它称为导体的电阻。导体伏安特性曲线的斜率等于导体电阻的倒数。电阻越大，伏安特性曲线斜率越小，导体的导电性能相对较弱。

导体的电阻是由导体本身的性质决定的。实验表明，当导体材料一定时，对于同一温度，**导体的电阻与它的长度成正比，与它的横截面积成反比**。这就是导体的**电阻定律**。可表示为

$$R = \rho \frac{L}{S} \tag{9-3}$$

式中，比例系数 ρ 由导体的材料决定，称为这种材料的电阻率。在一定温度下，同种材料的 ρ 值是一个常数，不同材料，ρ 的数值不同。长度和横截面积都相等的不同材料，导体 ρ 值大的电阻大，ρ 值小的电阻小。可见，电阻率是反映材料导电性能的物理量。

在 SI 中，根据式(9-3)可以确定 ρ 的单位是欧姆·米，用符号 $\Omega \cdot m$ 表示。

常用材料的电阻率见表9-1。

表 9-1　常用材料的电阻率（20℃）

材料名称	电阻率 $\rho/\Omega \cdot m$	材料名称	电阻率 $\rho/\Omega \cdot m$
银	1.65×10^{-8}	铂	1.05×10^{-7}
铜	1.75×10^{-8}	锰铜(85%铜+3%镍+12%锰)	$(4.2 \sim 4.8) \times 10^{-7}$
铝	2.8×10^{-8}	康铜(58.8%铜+40%镍+1.2%锰)	$(4.8 \sim 5.2) \times 10^{-7}$
钨	5.5×10^{-8}	镍铬丝(67.5%镍+15%铬+16%碳+	$(1.0 \sim 1.2) \times 10^{-6}$
镍	7.3×10^{-8}	1.5%锰)	
铁	9.8×10^{-8}	铁铬铝	$(1.3 \sim 1.4) \times 10^{-7}$
锡	1.14×10^{-7}		

由表9-1可知，纯金属的电阻率小，合金的电阻率大。导线都以纯金属制造，铜、铝虽然比银的导电性差一点，但价格较低，因此，铜、铝是制造导线的主要材料。电阻器、电炉丝都选用电阻率较大的合金制造。

各种材料的电阻率都随温度而变化。金属的电阻率随温度升高而增大，因此，它的电阻也随温度升高而增大。利用金属的这一性质，可以制造电阻温度计。如果已知导体电阻随温度变化的情况，那么，测出导体的电阻，就可以知道温度。常用的电阻温度计是以铂丝或铜丝制造的。电阻温度计测温范围大，一般在 $-263 \sim 1000℃$ 之间。有些合金材料如康铜和锰铜等，电阻率随温度的变化特别小，常用这类合金材料制造标准电阻等。

人们在实验中发现，当温度降到绝对零度附近时，某些金属、合金的电阻突然减小为零，这种现象称为**超导现象**。材料的这一性质称为**超导性**。使用这种材料的导体称为**超导体**。开始出现超导性的温度，称为这种材料的**临界温度**。

部分超导金属和合金的临界温度见表9-2。

表 9-2　部分超导金属和合金的临界温度

材料	锡(Sn)	铅(Pb)	汞(Hg)	铌(Nb)	铌三锡(Nb₃Sn)	铌三锗(Nb₃Ge)
临界温度/K	8.72	7.18	4.15	9.09	28.05	23.3

超导性有重要的实用价值，但因临界温度过低，其应用受到限制。目前我国和其他国家都在积极寻找常温下的超导材料，探索它的实际应用。我国的研究已居世界先进水平。

习题 9-2

9-2-1 产生电流的条件是什么？在金属导体中，产生恒定电流的条件是什么？

9-2-2 导线中的电流为 10A，20s 内有多少电子流过导体横截面？

9-2-3 有一电阻，两端加上 50mV 电压时，通过 10mA 电流；两端加上 10V 电压时，通过的电流为多少？

9-2-4 有一条铜导线，长 300m，横截面是 $12.75mm^2$，如果导线两端加上 8.0V 电压，求这条导线中通过的电流。（铜的电阻率为 $1.7 \times 10^{-8} \Omega \cdot m$）

相关链接

欧　姆

　　欧姆（1789—1854）生于德国埃尔兰根城，父亲是锁匠。他的父亲自学了数学和物理方面的知识，并教给少年时期的欧姆，唤起了欧姆对科学的兴趣。16 岁时他进入爱尔兰根大学研究数学、物理与哲学，由于经济困难，中途辍学，到 1813 年才完成博士学业。

　　1827 年，欧姆在《电路的数学研究》一书中，发表了有关电路的法则，这就是闻名于世的欧姆定律。欧姆还在自己的许多著作里证明了：电阻与导体的长度成正比，与导体的横截面积和传导性成反比；在稳定电流的情况下，电荷不仅在导体的表面上，而且在导体的整个截面上运动。

　　人们为了纪念他，将电阻的单位以欧姆的姓氏命名，定为欧［姆］。

超导及其应用前景

　　1911 年，荷兰科学家昂尼斯（1853—1926）在做低温实验时发现，当温度降到 4.2K 的时候，水银的电阻突然为零。随后人们发现，大多数金属在温度降到某一数值时，都会出现电阻突然降为零的现象，把这个现象称为超导现象，导体由普通状态向超导态转变时的温度称为超导转变温度，或临界温度。

　　由于导线具有电阻，电流通过导线时会产生焦耳热。这会带来电能损失，使设备发热。超导为解决这些问题带来了希望。所以，这个现象发现后不久就在世界范围掀起了超导研究的高潮。可是直到 1986 年上半年，尽管发现许多纯金属及合金都具有超导现象，但是临界温度最高仅为 23K，由于获得这样的低温需要复杂的设备，所以超导现象很难在技术中应用。

1986 年 7 月，有人发现了一种新的合成材料——镧钡铜氧化物，其超导转变温度为 35K。1987 年 2 月，美国休斯敦大学的研究小组和中国科学院物理研究所的研究小组，又几乎同时获得了钇钡铜氧化物超导体，将超导转变温度一下提高到 90K。这意味着将超导从液氦温度（4.2K）提高到比较容易实现的液氮温度（77K）。为了与在液氦温度下的超导相区别，人们把氧化物超导体称为高温超导体。

跟金属超导相比，氧化物超导除了临界温度较高之外，制备也比较简单。因此在 20 世纪 80 年代末又一次在全世界出现了超导研究的热潮，此后，人们不断研制出新的超导材料，到 1992 年初，已经开发出 70 多种超导氧化物，将超导转变温度提高到 125K 左右。但是，关于超导的研究还远没有结束。125K 的转变温度对于实际应用来说还是太低了，超导的理论研究也远不够成熟。

超导在电子学方面的应用是最现实的，也是最有吸引力的。例如，灾害性天气预报等大型课题，要求计算机的容量大、计算速度快。但是这样的计算机体积庞大，耗能多，而且需要冷却系统，因此应用受到了限制。考虑到电流在超导体中传输时不发热，所以超级计算机的一些部件可以利用超导体制作，放在低温环境中。这样体积和能耗可以大大缩小，使得目前个人计算机一样大小的设备能够发挥巨型计算机的作用。

超导在电力工业中的应用可能会引起一场革命。如果采用超导电缆输电，不但可以避免输电线上的电能损失，而且不需要高压，从而避免高电压带来的意外事故。

在发电机、电动机的内部，用常规导线制成的线圈，由于电流的热效应，电流不能太大，因此产生的最大磁场受到限制。用超导材料制成的线圈，电流可以很大，产生的磁场可比常规磁体强得多。因此，同样大小的超导电动机、超导发电机，功率要比常规设备高出很多。

超导在其他领域，如能源、交通运输、地质勘探等，也都有重要的应用。同学们可以自己找些资料来阅读。

第三节　电阻的连接

学习目标

1. 掌握电阻串联和并联的性质及作用。
2. 能熟练求解串、并联电路问题，会求解不超过四个电阻的混联电路问题。

在电路中，电阻可根据不同的需要按不同方式连接起来。在简单电路中电阻连接的基本方式有串联和并联两种。

一、电阻的串联

把若干个电阻一个接一个，不分支地连接起来，使电流只有一条通路，这样的连接方式称为电阻的串联 [见图 9-2(a)]，R 是它们的总电阻，又称等效电阻 [见图 9-2(b)]。

1. 串联电路的性质

① 通过串联电路中各电阻的电流相等。

② 串联电路两端的总电压等于各电阻上的电压之和，即

$$U = U_1 + U_2 + U_3$$

(9-4)

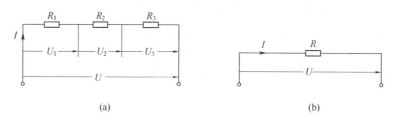

图 9-2　电阻的串联

③ 串联电路的总电阻等于各串联电阻之和，即

$$R = R_1 + R_2 + R_3 \tag{9-5}$$

当 n 个相同的电阻 R_0 串联时，其总电阻为

$$R = nR_0$$

把几个电阻串联，相当于增加了导体的长度，所以总电阻增大了。

2. 串联电路的分压作用

串联电路总电压等于各电阻上的电压之和，说明每个电阻上都分担了一定的电压。那么，每个电阻上分担的电压与电阻有什么关系呢？

因为串联电路的电流相等，即 $\dfrac{U_1}{R_1} = \dfrac{U_2}{R_2} = \dfrac{U_3}{R_3} = I$。这说明**串联电路中各电阻两端的电压与它的电阻成正比**。电阻越大，分担的电压就越大。下面以扩大电压表量程为例来说明其应用。

【例题 1】　一个量程为 $U_i = 3\text{V}$ 的电压表，表的内阻 $R_i = 300\Omega$，欲用来测量 300V 的电压，应在电压表上串联一个多大的分压电阻？

已知 $U_i = 3\text{V}$，$R_i = 30\Omega$，$U = 300\text{V}$。

求 R_f。

解　这只电压表指针偏转到满刻度时，表头两端电压 U_i 为 3V，这是电压表所能承受的最大电压。如果要让它测量 300V 的电压，所串联的分压电阻 R_f（见图 9-3）必须分担 $U_f = 300 - 3 = 297$（V）的电压。由于串联电路中通过各电阻的电流相等，即 $\dfrac{U_i}{R_i} = \dfrac{U_f}{R_f}$，所以

$$R_f = \frac{U_f}{U_i} R_i = \frac{297}{3} \times 300 = 2.97 \times 10^4 \, (\Omega)$$

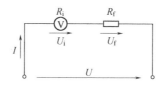

图 9-3　解例题 1 用图

答：应在电压表上串联 $2.97 \times 10^4 \, \Omega$ 的分压电阻。

二、电阻的并联

把几个电阻的一端连在一起，另一端也连在一起，使电路有两个接点，电流有多条通路，这种连接方式，称为电阻的并联 [见图 9-4(a)]，R 是它们的总电阻，也称为等效电阻 [见图 9-4(b)]。

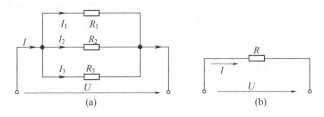

图 9-4　电阻的并联

1. 并联电路的性质

① 各支路两端的电压相等。

② 并联电路的总电流等于各支路电流之和，即

$$I = I_1 + I_2 + I_3 \tag{9-6}$$

③ 并联电路的总电阻的倒数，等于各支路电阻的倒数之和，即

$$\frac{1}{R} = \frac{1}{R_1} + \frac{1}{R_2} + \frac{1}{R_3} \tag{9-7}$$

当 R_1、R_2 两个电阻并联时，其总电阻为

$$R = \frac{R_1 R_2}{R_1 + R_2}$$

当 n 个相同电阻 R_0 并联时，其总电阻为

$$R = \frac{R_0}{n}$$

把几个电阻并联起来，可以认为导体的横截面增大了，所以总电阻比并联电阻中任何一个电阻都小。

2. 并联电路的分流作用

由于并联电路的总电流等于各支路电流的和，因此，每一支路都有一定的分流作用。那么各支路中的电流与它的电阻之间有什么关系呢？由欧姆定律可知

$$I_1 = \frac{U}{R_1}, \qquad I_2 = \frac{U}{R_2}, \qquad I_3 = \frac{U}{R_3}$$

因各支路两端电压相等，所以**并联电路中通过各支路的电流与它的电阻成反比**。电阻越大，分流作用越小。下面以扩大电流表量程为例来说明其应用。

【例题 2】　一量程为 $100\mu A$ 的电流表，内阻为 0.9Ω，若把它的测量范围扩大到 $1mA$，应并联多大的分流电阻？

已知 $I_i = 100\mu A$，$R_i = 0.9\Omega$，$I = 1mA = 1000\mu A$。

求 R_f。

解　要让这只电流表测量大于 $100\mu A$ 的电流，就要给表头并联一个分流电阻 R_f（见图 9-5），使得 R_f 中的电流 $I_f = 1000 - 100 = 900$（μA）。由于并联电路两端电压相等，即

$$I_i R_i = (I - I_i) R_f$$

所以　　　　　　　$$R_f = \frac{I_i R_i}{I - I_i} = \frac{100 \times 0.9}{900} = 0.1(\Omega)$$

答：应并联 0.1Ω 的分流电阻。

三、混联电路

实际电路中，往往既有串联又有并联，这种电路称为**混联电路**。在分析这类电路时，应

首先全面分析电路的结构，找出各电阻间的连接关系，一步步地把电路化简，并作出简明的电路示意图，然后按串联和并联的计算方法，求出整个电路的总电阻。具体步骤如下。

① 找出总电流的输入端和输出端。

② 抓住各电阻公共的连接端点，弄清电路中各电阻的串、并联关系。

③ 并联支路中有电阻串联时，先求串联电阻的总电阻；串联支路中有电阻并联时，先求并联电阻的总电阻。

④ 最后求出整个电路的总电阻。

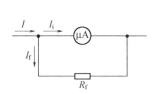

图 9-5　解例题 2 用图

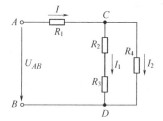

图 9-6　解例题 3 用图

【例题 3】　如图 9-6 所示，设电路两端电压 $U_{AB}=20\text{V}$，电阻 $R_1=7\Omega$，$R_2=3\Omega$，$R_3=9\Omega$，$R_4=4\Omega$。求电路中各支路的电流及 CD 间的电压。

已知 $U_{AB}=20\text{V}$，$R_1=7\Omega$，$R_2=3\Omega$，$R_3=9\Omega$，$R_4=4\Omega$。

求 I，I_1，I_2，U_{CD}。

解　在图 9-6 中，电阻 R_2 和 R_3 串联后，再和 R_4 并联，最后又和 R_1 组成串联电路。所以，CD 段的总电阻为

$$R_{CD}=\frac{(R_2+R_3)R_4}{(R_2+R_3)+R_4}=\frac{(3+9)\times 4}{3+9+4}=3(\Omega)$$

由于 R_1 与 R_{CD} 串联，其总电阻为

$$R_{AB}=R_1+R_{CD}=7+3=10(\Omega)$$

由欧姆定律得，总电流

$$I=\frac{U_{AB}}{R_{AB}}=\frac{20}{10}=2(\text{A})$$

由串联电路中各电压之间的关系得

$$U_{CD}=U_{AB}-IR_1=20-2\times 7=6(\text{V})$$

由欧姆定律得，并联电路的各支路电流

$$I_1=\frac{U_{CD}}{R_2+R_3}=\frac{6}{12}=0.5(\text{A})$$

$$I_2=\frac{U_{CD}}{R_4}=\frac{6}{4}=1.5(\text{A})$$

答：支路电流 I 为 2A，I_1 为 0.5A，I_2 为 1.5A，CD 间电压为 6V。

习题 9-3

9-3-1　如习题 9-3-1 图所示，已知 $U=30\text{V}$，$R_2=10\Omega$，$R_3=30\Omega$，通过 R_2 的电流为 0.6A，求：(1) 各电阻上的电压；

(2) 通过 R_1 和 R_3 的电流；

（3）电阻 R_1。

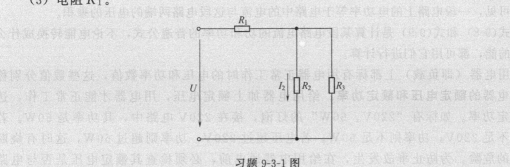

习题 9-3-1 图

9-3-2 从引到室内的电灯干线的端点接出两组支路。在第一组支路里并联着 8 个电灯泡，电阻都是 2000Ω；在第二组支路里并联着 6 个电灯泡，电阻都是 1200Ω。干路里的电流是 1.98A，求通过各个电灯泡的电流。

9-3-3 已知 $R_1 = 10Ω$ 和 $R_2 = 5Ω$ 的两个电阻串联，测得 R_1 两端的电压 $U_1 = 20V$，求 R_2 两端的电压 U_2 和整个串联电路的电压 U。

9-3-4 欲将一个内阻为 10Ω、量程为 100μA 的电流表分别改装成能测量 1A 的电流表和 15V 的电压表，需在表头上各连接多大的分流电阻和分压电阻？

第四节 电功 电功率

学习目标

1. 理解电功、电功率的概念，了解相关公式的适用条件。
2. 掌握焦耳定律及其应用，了解电功和电热的关系。

一、电功

在初中已经学过电功和电功率，利用静电场知识，可以更好地理解这两个重要概念。

在导体两端加上电压，导体内就建立了电场。电场力在使自由电荷定向移动的过程中要做功。设导体两端的电压为 U，通过导体横截面的电量为 q，那么，电场力所做的功 $W = qU$，由于 $q = It$，所以

$$W = IUt \tag{9-8}$$

式中，当 I、U、t 的单位分别为 A、V、s 时，电功的单位就是焦耳（J）。

在电路中，电场力做的功通常称为**电流的功**，简称**电功**。所以，电流在一段电路上所做的功等于这段电路两端的电压、电路中的电流和通电时间三者的乘积。

电流通过用电器（常称负载）时电场力做功的过程，实质上是电能转换成其他形式能量的过程。如电流通过电动机，电能转换成机械能和热能；电流通过电解槽，电能转换成化学能和热能。由能量守恒定律可知，电流做了多少功，就有多少电能转换成其他形式的能。

二、电功率

电流所做的功与完成这些功所用时间的比值，称为**电功率**，用 P 表示。

$$P = \frac{W}{t} = IU \tag{9-9}$$

式中，I、U 的单位分别为 A、V 时，功率的单位就是瓦特，简称瓦（W）。

可见，一段电路上的电功率等于电路中的电流与这段电路两端的电压的乘积。

式(9-8) 和式(9-9) 是计算某段电路电流的功和功率的普遍公式，不论电能转换成什么形式的能，都可用它们进行计算。

用电器（即负载）上都标有用电器正常工作时的电压和功率数值，这些数值分别称作用电器的**额定电压和额定功率**。给用电器加上额定电压，用电器才能正常工作，达到额定功率。如标有"220V、60W"的灯泡，接在 220V 电路中，其功率是 60W。若电压不足 220V，功率则不足 60W；若电压超过 220V，功率则超过 60W，这时有烧断灯丝的危险。为防止事故发生，在给用电器通电前，必须检查其额定电压是否与电路提供的电压相同。

三、焦耳定律

电流通过导体时导体发热的现象，称为电流的热效应。通电导体上产生的热量与哪些因素有关呢？

英国物理学家焦耳（1818—1889）研究了这个问题。他指出：**电流通过导体所产生的热量，等于电流的平方、导体的电阻和通电时间的乘积**。这就是**焦耳定律**。在 SI 中，热量的单位是焦耳（J），这时焦耳定律可写为

$$Q = I^2 R t \tag{9-10}$$

单位时间内的发热量通常称为热功率。

$$P = \frac{Q}{t} = I^2 R$$

四、电功和电热的关系

电流通过电路时要做功，一般电路中都有电阻，所以电流通过电路时也要产生热量。那么，电流所做的功与它所产生的热量又有什么关系呢？

对于由白炽电灯、电炉等纯电阻元件组成的电路，即所谓的纯电阻电路，由于这时电路两端的电压 $U = IR$，因此，$W = IUt = I^2 R t = Q$。可见，电流所做的功与产生的热量相等。这时，电能全部转换成热能，电流做功的公式也可写为

$$W = I^2 R t = \frac{U^2}{R} t \tag{9-11}$$

对于含有电动机、电解槽等非纯电阻元件的电路，即所谓的非纯电阻电路，电能除一部分转换成热能外，还有一部分转换成机械能、化学能等。在这种情况下，电流的功仍是 IUt，产生的热量仍是 $I^2 R t$，但是电流所做的功已不再等于产生的热量，而是大于这个热量。这个差值（$IUt - I^2 R t$）则是转换成机械能或化学能等的部分。此时，加在电路两端的电压 U 也不再等于 IR，而是大于 IR，那么，就不能再使用式(9-11)计算电功了。

总之，只有在纯电阻电路里，电功才等于电热；在非纯电阻电路里，应注意电功与电热的区别。

【**例题**】加在一内阻 r 为 2Ω 的电动机上的电压 U 为 110V，通过电动机的电流 I 为 1A，问该电动机消耗的功率有多大？电动机内阻的热耗功率有多大？转化为机械能的功率是多大？

已知 $U = 110\text{V}$，$r = 2\Omega$，$I = 1\text{A}$。

求 P，$P_{热}$，$P_{机}$。

解　电动机消耗的功率即是电源供给的总功率

$$P = IU = 1 \times 110 = 110 \,(\text{W})$$

其中电动机内阻的热耗功率为

$$P_{热} = I^2 r = 1^2 \times 2 = 2 \,(\text{W})$$

根据能量守恒定律

$$P = P_{热} + P_{机}$$

所以转化为机械能的功率为

$$P_{机} = P - P_{热} = 110 - 2 = 108 \,(\text{W})$$

答：电动机消耗的功率为110W，其内阻的热耗功率为2W，转化为机械能的功率为108W。

习题 9-4

9-4-1　常用的电功单位是千瓦·时（kW·h，又称度）。1kW·h等于功率为1kW的用电器在1h内所做的电功，即消耗的电能。1kW·h等于多少焦耳？室内装有25W的电灯1只，40W的电灯2只，平均每日用电5h，30天用电多少千瓦·时？

9-4-2　如习题9-4-2图所示，$U=100$V，$R_1=35\Omega$，$R_2=15\Omega$。求各电阻上的电压和它们消耗的功率。

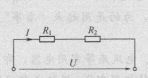

习题 9-4-2 图

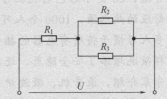

习题 9-4-3 图

9-4-3　如习题9-4-3图所示，$R_1=4\Omega$，$R_2=3\Omega$，$R_3=6\Omega$，$U=12$V，求：

(1) R_1 中的电流；

(2) R_2 和 R_3 中的电流之比；

(3) R_2 和 R_3 上所消耗的功率之比。

9-4-4　电线的电阻 $R=1.0\Omega$，输送的电功率 $P=100$kW。若用400V的低压送电，输电线上发热损失的功率是多少？若改用10kV的高压送电，损失的功率又是多少？

9-4-5　一台内阻为2Ω的电风扇，工作电压为220V，测得工作电流为0.5A。求：

(1) 电风扇消耗的功率；

(2) 电风扇热耗功率；

(3) 转化为机械能的功率。

相关链接

焦　耳

焦耳（1818—1889）1818年12月24日生于英国曼彻斯特，他的父亲是一个酿酒厂主。焦耳自幼跟随父亲参加酿酒劳动，没有受过正规的教育。青年时期，焦耳向道尔顿虚心学习了数学、哲学和化学，这些知识为焦耳后来的研究奠定了理论基础。

1848年，俄国物理学家楞次公布了他的研究结果，从而进一步验证了焦耳关于电流热效应（导体在一定时间内放出的热量与导体的电阻及电流的平方之积成正比）结论的正确性。因此，该定律被称为焦耳-楞次定律。后来，焦耳还测定了热功当量的平均值，比现在的公认值仅少了约0.7%。在当时的条件下，能做出这样精确的实验来，说明焦耳的实验技能非常高超。

后人为了纪念他，把功和能的单位定为焦［耳］。

待 机 能 耗

很多人都不知道，1度电对我们的生活有多么重要。有了1度电，一只10W的灯泡可以连续照明100h，节能型家用电冰箱能运行两天，一匹的空调器能开1.5h，吸尘器可以打扫房间5遍，25英寸彩色电视机可以工作12h，电动自行车能跑80km，可以用电热淋浴器洗一个舒服的热水澡，1000个人可以通话15min，40台电脑可工作1h，8kg的水能被烧开。

许多人习惯于将所有电器的插头都插在插线板上，为的是用起来"省事"。但您却不知道，这样做既增添了安全隐患，还流失了很多电能。

据专家介绍，录音机、微波炉、洗衣机、电视机、电风扇等家用电器，即使是在不使用的时候，只要不拔下插头就依然会耗电，这被称作"待机能耗"。据权威部门测算，我国城市家庭的平均待机能耗已占家庭总能耗的10%左右，也就是说，每天有200万度的电量，就在小小的插头上流失了。

其实，使用家用电器时只要"有心"，实现节约用电并不难，我们如果把空调、洗衣机、微波炉、抽油烟机、彩电、电脑的插头拔掉，就可减少待机能耗65.6W，每天节约1.57度电。节约用电不仅节省了我们的家庭开支，也减少了发电所需的能源，真是一举两得的好事。

第五节　闭合电路欧姆定律

学习目标

1. 理解电动势的概念，理解电源的内电阻。
2. 掌握闭合电路欧姆定律及其应用。
3. 掌握电源的总功率和电源的输出功率的关系。

一、电源

一段电路中要有电流通过，就必须在它的两端保持电压。在初中学过，干电池、蓄电池和发电机等电源能够使电路中产生并保持电压。现在来讨论电源是怎样产生这种作用的。

电源简化示意图如图 9-7 所示。虚线内是电源，A 是电源的正极，B 是电源的负极，C 是用电器。电源外部的电路，称为外电路（A→C→B），电源内部的电路，称为内电路。

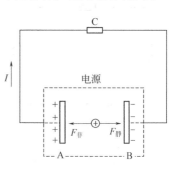

图 9-7　电源简化示意图

电路接通后，正电荷从电势较高的正极经外电路向电势较低的负极移动，到达负极后与负极上的负电荷中和，因此正、负极上的正、负电荷同时减少。如果不及时将正电荷从负极移开并补充到正极，电路两端的电压将逐渐变为零，电路中的电流将停止。电源的作用就是将到达负极的正电荷送回正极。显然这不可能由静电力来完成，因为在静电力作用下，正电荷只能从高电势的正极向低电势的负极移动，而不能相反。电源能够提供某种与静电力本质上不同的非静电力，将正电荷从负极送到正极，维持正、负极间有一定电压，从而维持电路中的电流。

非静电力是由电源的种类决定的，不同种类的电源，形成非静电力的原因不同，如化学电池中的非静电力来源于化学作用，发电机中的非静电力则来自电磁作用。电源非静电力将电荷 q 从电源负极经内电路移送到正极，要反抗电场力做功，电荷的电势能将增大，实际上是将其他形式的能（如化学电池中的化学能、发电机中的机械能等）转化为电能的过程。非静电力做多少功，被移送的电荷就获得多少电能。因此，也可以说电源就是把其他形式的能转化为电能的装置。为表示电源把其他形式的能转化为电能的本领大小，引入电源的电动势这一物理量。

二、电动势

对于同一个电源来说，非静电力将一定量的正电荷从负极经电源内部移送到正极所做的功是一定的。但对不同的电源来说，非静电力将同样多的正电荷从负极经内电路移送到正极所做的功，一般是不同的。在移送电量相等的情况下，非静电力做的功越多，电源把其他形式的能转换成电能的本领就越大。用电动势这个物理量来表示电源转换能量的本领。

非静电力将正电荷从负极经电源内部移送到正极所做的功与被移送电荷的电量的比值，称为电源的电动势。 如果被移送电荷的电量为 q，非静电力做的功为 W，那么电动势

$$E = \frac{W}{q} \tag{9-12}$$

式中，W 和 q 的单位分别是 J 和 C；电动势 E 的单位是 V。

电动势在数值上等于单位正电荷由负极经电源内部移送到正极时非静电力做的功。

每个电源的电动势都是由电源本身决定的，与外电路的情况无关。例如干电池的电动势是 1.5V 左右，铅蓄电池的电动势一般是 2V。规定由电源的负极经电源内部到正极的方向（即电势升高的方向）为电动势的方向。正如同电流有方向而不是矢量一样，电动势也不是矢量，而是标量。

三、闭合电路欧姆定律的表述

闭合电路由内电路和外电路组成，其简图如图 9-8 所示。外电路的总电阻称为外电阻，用 R 表示；内电路电阻称为内电阻，也就是电源内阻，用 r 表示。当闭合开关 S 时，电路中就有持续不断的电流。下面从能量守恒的观点来研究闭合电路中电流和电动势及电阻间的关系。

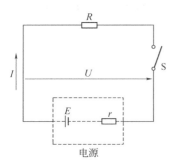

图 9-8　闭合电路简图

当电路中的电流为 I 时，在时间 t 内，通过电路任一横截面的电量 $q=It$，根据式（9-12），这段时间内电源所做的功为

$$W=Eq=EIt$$

式中，EIt 是电源在时间 t 内向内、外电路提供的电能，若内、外电路是纯电阻电路，这些电能将全部转换为焦耳热。在外电阻上产生的热量是 I^2Rt，在内电阻上产生的热量是 I^2rt，因此，根据能量守恒定律有 $EIt=I^2Rt+I^2rt$，所以

$$E=IR+Ir \tag{9-13}$$

即

$$I=\frac{E}{R+r} \tag{9-14}$$

式（9-14）表明，**闭合电路中的电流与电源电动势成正比，与电路的总电阻成反比**。这一规律称为闭合电路欧姆定律。

式（9-13）中，IR 是外电路的电压降，习惯上叫做外电压或路端电压，用 U 表示。Ir 是内电路的电压降，叫做内电压，用 $U_内$ 表示，所以式（9-13）也可以写为

$$E=U+U_内 \tag{9-15}$$

式（9-15）表明，电源的电动势等于内电压和外电压之和。

四、路端电压与负载的关系

电路中，消耗电能的元件通常称为负载。负载变化时，电路中的电流就会变化，路端电压也随之变化。由式（9-15）可得

$$U=E-Ir \tag{9-16}$$

下面以图 9-9 所示的电路来研究路端电压随外电阻的变化规律。实验发现，当增大外电阻 R 的阻值时，电流表的示数减小，由电压表测量的路端电压值增大；当 R 值减小时，电流表的示数增大，电压表的示数减小。这说明**路端电压随外电阻的增大而增大，随外电阻的减小而减少**。

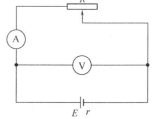

图 9-9　研究路端电压
与负载关系用图

路端电压随外电路（含负载）变化的规律，可根据闭合电路欧姆定律来解释。由式（9-14）和式（9-16）可知，当 R 增大时，I 变小，电源的内压降 Ir 减小，所以路端电压升高；反之，当 R 减小时，I 变大，电源的电压降增大，路端电压降低。

下面讨论两种特殊情况。

① 当外电路断开，即开路时，$R\to\infty$，$I=0$，则 $U=E$，所以，断路时的路端电压等于电源的电动势。因电压表的内阻很大，所以通常电压表直接接到电源的两极所测得的电压，近似等于电源电动势。

② 当 $R\to 0$，即电源两端短路时，$I=\dfrac{E}{r}$，$U=0$，由于一般电源的内阻都很小，因此短路时电流很大，可能将电源烧毁。为防止短路事故的发生，应在电路中安装保险器（熔断器），同时在实验过程中绝不可将导线或电流表（电流表内阻很小）直接接到电源上。

五、电源的输出功率

将式（9-16）两端同乘以 I，得

$$IU = IE - I^2 r \tag{9-17}$$

式中，IE 是电源的总功率；IU 是电源向负载输出的功率；$I^2 r$ 是内电路消耗的功率。它是以功率的形式表示的能量守恒定律。

由以上讨论可知：电流随负载电阻的增大而减小，路端电压随负载电阻的增大而增大。所以，电源向负载输出的功率 $P_出 = IU$ 也与负载电阻有关。下面仅讨论这个功率为最大值的条件。

若负载为纯电阻，则

$$P_出 = IU = I^2 R = \left(\frac{E}{R+r}\right)^2 R$$

$$= \frac{E^2 R}{(R-r)^2 + 4Rr} = \frac{E^2}{\dfrac{(R-r)^2}{R} + 4r}$$

当 $R = r$ 时，$P_出$ 有最大值，此时

$$P_出 = \frac{E^2}{4r} \quad 或 \quad P_出 = \frac{E^2}{4R} \tag{9-18}$$

式(9-18)表明，当负载电阻等于电源内阻时，电源供给负载的功率最大，这时称负载与电源匹配。匹配的概念在电子线路中经常用到。

图 9-10 为电动势和内阻均恒定的电源的输出功率随负载电阻的变化关系。

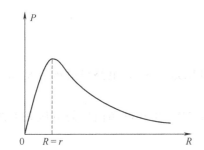

图 9-10　输出功率与负载电阻的变化关系　　图 9-11　测量电源的电动势和内电阻的线路图

【例题 1】　在图 9-11 中，$R_1 = 9.9\Omega$，$R_2 = 4.9\Omega$。当单刀双掷开关扳到位置 1 时，测得电流 $I_1 = 0.2\mathrm{A}$；当 S 扳到位置 2 时，测得电流 $I_2 = 0.4\mathrm{A}$，求电源的电动势和内电阻。

已知 $R_1 = 9.9\Omega$，$R_2 = 4.9\Omega$，$I_1 = 0.2\mathrm{A}$，$I_2 = 0.4\mathrm{A}$。

求 E，r。

解　设电源电动势为 E，内电阻为 r，电流表内阻可以不计。由 $E = IR + Ir$ 得

$$\begin{cases} E = I_1 R_1 + I_1 r \\ E = I_2 R_2 + I_2 r \end{cases}$$

消去 E 可得　　　　　　　$I_1 R_1 + I_1 r = I_2 R_2 + I_2 r$

所以，电源的内电阻

$$r = \frac{I_1 R_1 - I_2 R_2}{I_2 - I_1} = \frac{0.2 \times 9.9 - 0.4 \times 4.9}{0.4 - 0.2} = 0.1(\Omega)$$

将 r 值代入 $E = I_1 R_1 + I_1 r$ 中，可得电源电动势

$$E = 0.2 \times 9.9 + 0.2 \times 0.1 = 2(\mathrm{V})$$

答：电源的电动势和内阻分别为 2V 和 0.1Ω。

这是测量电源电动势和内电阻的一种方法。

【例题2】 已知电源电动势是 1.5V，内阻是 0.2Ω，如果把它与电阻为 2.8Ω 的外电路连接起来，求：

（1）电路中的电流和路端电压各是多少？

（2）电源输出的功率是多少？

已知 $E=1.5\text{V}$，$r=0.2\Omega$，$R=2.8\Omega$。

求 I，U，$P_{出}$。

解 （1）根据闭合电路欧姆定律，电路中的电流

$$I=\frac{E}{R+r}=\frac{1.5}{2.8+0.2}=0.5(\text{A})$$

由式（7-16）得路端电压

$$U=E-Ir=1.5-0.5\times0.2=1.4(\text{V})$$

（2）电源输出功率为

$$P_{出}=IU=0.5\times1.4=0.7(\text{W})$$

答：（1）电路中的电流是 0.5A，路端电压是 1.4V；（2）电源输出功率是 0.7W。

习题 9-5

9-5-1 对于闭合电路，下列说法是否正确：

（1）当电源两端短路时，电流为无限大；

（2）当外电路断开时，路端电压最大；

（3）路端电压越高，输出功率越大。

9-5-2 电源的内电阻是 0.2Ω，外电路两端的电压是 1.8V，电路里的电流是 0.2A，求电源电动势。

9-5-3 电源电动势是 1.5V，外电路的电阻是 3.5Ω，接在电源两极的电压表上的示数是 1.4V，求电源的内阻。

9-5-4 如习题 9-5-4 图所示的电路，可以测出电源的电动势和内电阻。当变阻器的滑动端在某一位置时，电流表和电压表的读数分别是 0.2A 和 1.8V，改变变阻器滑动端的位置后，两表的读数分别为 0.4A 和 1.6V。求电源的电动势和内电阻。

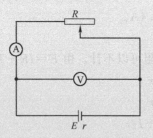

习题 9-5-4 图

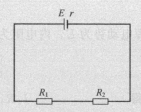

习题 9-5-6 图

9-5-5 有一电源，当外电阻是 14Ω 时，测得路端电压为 2.8V；当外电阻为 2Ω 时，测得路端电压为 2V。求短路时的电流和断路时的路端电压。

9-5-6 如习题 9-5-6 图所示，电源的电动势 $E=16\text{V}$，内阻 $r=1\Omega$，外电路中 $R_1=5\Omega$，$R_2=2\Omega$，求：

（1）电源的总功率；

（2）电源的输出功率；

（3）消耗在各电阻上的热功率。

相关链接

电气火灾的防范

日常生活中要用到各种电器，在各种电器的使用过程中，如果使用不当，往往会引发一些安全事故，甚至引起火灾。家用电器起火一般是由于电路短路或者线路超载引起的，当电路短路时，在很短的时间内会产生一个很大的电流，引起线路温度升高，将导线以及电器的塑料外皮引燃，发生着火。还有一种情况就是当电路中接入过多的用电器时，会使电路中的电流过大，家用电器及电路导线烧毁引起火灾。导线和用电器在使用了一定的时间之后都会存在一些老化问题，使导线以及电器的绝缘性能变差，往往会引发短路，进一步发生火灾，应该及时更新电路中老化的导线，淘汰老化的用电器。

当用电器烧毁或电路超载的时候，通常会有一些不正常的现象发生，比如用电器发出奇怪的响声，用电器外表变得很热，电路中的导线外表过热（电炉子和电热毯使用时间过长电线会变热），甚至有塑料绝缘皮被加热所产生的特有气味。此时，应该引起重视，马上切断电源，然后检查用电器和电路，并找到相关人员进行检查和维修。

电气火灾和普通火灾不同。电气火灾发生时，火势往往发展迅速，并且难以控制，又不能用水进行扑灭，所以它所引起的破坏和伤害往往更难以预料。此时，首先要尽快切断电源，把用电器开关关掉，或者将家里的电路总闸关掉，然后用灭火器对准着火的用电器喷射。电器带电时，要选用不导电的灭火器材灭火，如干粉、二氧化碳、1211 灭火器，不得使用泡沫灭火器带电灭火。如果身边没有灭火器，在断电的前提下，可用常规的灭火方式将火给扑灭。如果电源没有切断，切忌不能用水或者潮湿的东西去灭火，避免引发触电事故。

*第六节　相同电池的连接

学习目标

掌握相同电池串联和并联的特点，并会进行简单的计算。

一电池所能提供的电压和允许通过的最大电流是一定的，超过这一允许的最大电流，电池就会损坏。但在实际应用中，当用电器的额定电压大于电池的电动势、额定电流大于电池允许通过的最大电流时，就需要把几个电池组合起来，提高供电电压或增大供电电流。电池组合的基本形式有串联和并联两种。

一、相同电池的串联

把第一个电池的负极与第二个电池的正极连接，再把第二个电池的负极与第三个电池的正极连接，像这样依次连接起来，就组成了串联电池组。第一个电池的正极和最后一个电池的负极，分别是串联电池组的正极和负极，如图 9-12 所示。

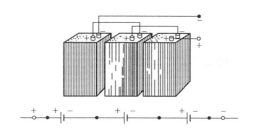

图 9-12　相同电池的串联

设串联电池组由 n 个电动势都是 E、内电阻都是 r 的电池组成。由于断路时的路端电压等于电源的电动势，因此，串联电池组的电动势等于各电池的电动势之和，即 $E_串 = nE$。由于电池是串联的，电池的内电阻也是串联的，因此，串联电池组的内电阻等于各电池的内电阻之和，即 $r_串 = nr$。设外电路的电阻为 R，由闭合电路欧姆定律得到电路中的电流为

$$I = \frac{nE}{R + nr} \tag{9-19}$$

串联电池组的电动势比单个电池的高。当用电器的额定电压大于单个电池的电动势时，可用串联电池组供电。如半导体收音机的供电就属此例。

二、相同电池的并联

相同电池的并联是把所有电池的正极连在一起，成为电池组的正极，再把所有电池的负极连在一起，成为电池组的负极，如图 9-13 所示。

设并联电池组由 n 个电动势都是 E、内电阻都是 r 的电池组成。并联电池组的电动势等于单个电池的电动势，即 $E_并 = E$。由于电池是并联的，电池的内电阻也是并联的，所以并联电池组的内电阻 $r_并 = \dfrac{r}{n}$。设外电路的电阻为 R，由闭合电路欧姆定律得到电路中的电流为

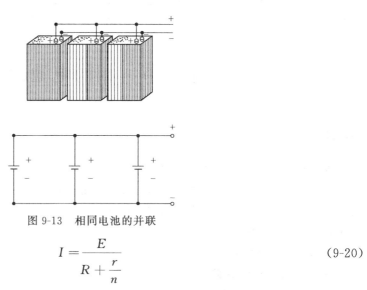

图 9-13　相同电池的并联

$$I = \frac{E}{R + \dfrac{r}{n}} \tag{9-20}$$

并联电池组虽未增大电动势数值，但每个电池只通过一部分总电流，所以电池组可允许通过较强的电流。当用电器的额定电流大于单个电池允许通过的最大电流时，应采用并联电池组供电。

如果用电器的额定电压大于单个电池的电动势，额定电流大于单个电池允许通过的最大电流时，可把电池先串联成电池组，再把几个相同的串联电池组并联起来，组成混联电池组供电。

习题 9-6

9-6-1 由 10 个相同的蓄电池（单个蓄电池的电动势等于 2V，内阻等于 0.04Ω）串联而成的电池组与电阻等于 3.6Ω 的外电路连在一起，求这个电路中的电流。

9-6-2 由两个相同电池（单个电池的电动势是 2V，内阻是 0.4Ω）并联而成的电池组，与 0.8Ω 的外电阻连接在一起，求电路中的电流。

9-6-3 要使相同电池（单个电池的电动势是 2V，内阻是 0.2Ω）串联而成的电池组的路端电压为 19V，外电路的电流为 0.5A，需用几个电池串联？

9-6-4 有一批相同的电池，它们的电动势都是 1.5V，允许通过的最大电流都是 2.0A。问在下列情况下电池应如何连接：

(1) 需要 6.0V、2.0A 的电源；

(2) 需要 1.5V、6.0A 的电源；

(3) 需要 6.0V、6.0A 的电源。

相关链接

电池的使用常识

在化学电池中，根据能否用充电方式恢复电池存储电能的特性，可以分为一次电池（也叫做原电池）和二次电池（又名蓄电池，也叫做可充电电池，可以多次重复使用）两大类。一次电池包括碳锌电池、碱性电池和水银电池等；二次电池主要有镍镉电池、镍氢电池、锂离子电池和铅蓄电池等类型。

电池使用时的注意事项如下：

① 新旧电池不可以混用。

② 干电池不可以充电。虽然有些书籍中对干电池（一次电池）的充电方法有所介绍，用户可以参照试用，但不能保证有效，而且操作不当时还可能会损坏用电器，甚至造成人身伤害。

③ 充电电池长期不用时，应将电池放空后保存，并每 3 个月左右取出充放电一次。

④ 不同种类、不同厂家电池的性能都不一样，混合使用会使所有的电池都不能达到满意的效果，而且会损伤其中一些电池。

⑤ 不要长时间过度充电。电池充饱后应尽快从充电器中取出。

⑥ 不能近火或投入火中。因为电池内部有很多化学材料，在近火或投入火中时，很可能因化学反应爆裂伤人，或产生一些有害的气体和烟尘等。

⑦ 不要放在高温高湿的地方。因为电池和充电器是电子产品，高温高湿会腐蚀电子元器件。

⑧ 不能放在雨水下。雨水能导电，电池放在雨水下时，很可能会发生短路，使电池因瞬间大电流放电而发烫，会损坏电池或发生危险。

⑨ 不能将电池焊接使用。焊接时产生的高温会损坏电池的内部结构，可能会使电池不

能使用，甚至出现危险。

本章小结

一、基本概念

1. 电流

① 电流存在的条件：有可以自由移动的电荷；存在使电荷做定向运动的电场，即导体两端存在电势差（电压）。

② 电流强弱用单位时间内通过导体的横截面的电量来表示，称为电流强度。

$$I = \frac{q}{t}$$

③ 电流强度是标量，其方向规定：正电荷在电路中的运动方向为电流方向，与矢量的方向性存在根本区别。

2. 电阻

① 电阻是反映导体对电流的阻碍作用的物理量。

② 电阻定律

$$R = \rho \frac{L}{S}$$

式中，ρ 是材料的电阻率，反映材料的导电性能，当温度一定时，其数值由导体材料决定。

3. 电压

电压也称为导体两端的电势差，是电流存在的条件之一。

电流的方向总是从高电势流向低电势，因此在电流方向上某两点间的电压又称为电势降落，或称电压降。

4. 电动势

① 电动势是反映电源将其他形式的能转换为电能的本领的物理量。

② 电动势的大小以非静电力将单位正电荷由负极经电源内部移送到正极时所做的功来表示。

$$E = \frac{W}{q}$$

③ 电动势是标量，单位为伏特（V），通常把电源内从负极到正极的方向规定为电动势的方向。

二、串、并联电路的性质

1. 串联电路的性质

① 电流处处相等；

② 总电压等于各电阻上的电压之和；

③ 总电阻等于各串联电阻之和。

串联电路各电阻上的电压、功率与其电阻成正比。

2. 并联电路的性质

① 各支路两端电压相等；

② 总电流等于各支路电流之和；

③ 总电阻的倒数等于各支路电阻的倒数之和。

并联电路各支路的电流、功率与其电阻成反比。

三、电功和电功率

1. 电流的功

$$W = qU = IUt$$

2. 电功率

$$P = IU$$

3. 热功率

$$P = I^2 R$$

四、基本规律

1. 欧姆定律

$$I = \frac{U}{R}$$

2. 闭合电路欧姆定律

$$I = \frac{E}{R+r}$$

由 $E=U+Ir$ 可知，电源电动势等于内外电路电压之和。

由 $U=E-Ir$，$I=\frac{E}{R+r}$ 可知，路端电压 U 随负载电阻 R 的增大而增大，随负载电阻 R 的减小而减小。

电源两端短路时，$R{\to}0$，短路电流 $I=\frac{E}{r}$，路端电压 $U=0$；外电路断开时，$R{\to}\infty$，电流 $I=0$，路端电压 $U=E$。

由 $IE=IU+I^2r$ 可知，电源的总功率等于电源向负载输出的功率和消耗在电源内阻上的热功率的和。对输出功率需注意：

① 在纯电阻电路中，$P_出=IU=I^2R=\frac{U^2}{R}$，当 $R=r$ 时，电源给出最大输出功率 $P_出=\frac{E^2}{4r}$；

② 在非纯电阻电路中，$P_出=IU$，电源输出的功率要大于热功率。

*五、电池组

1. n 个电动势为 E、内阻为 r 的电池串联

$$E_串=nE \qquad r_串=nr$$

串联电池组做电源的闭合电路的电流为

$$I = \frac{nE}{R+nr}$$

2. n 个电动势为 E、内阻为 r 的电池并联

$$E_并=E \qquad r_并=\frac{r}{n}$$

并联电池组做电源的闭合电路的电流为

$$I = \frac{E}{R+\frac{r}{n}}$$

复 习 题

一、判断题

1. 导线中的电流由电子的定向移动所形成，所以电子的移动方向为电流的方向。（　　）

2. 因为 $R=\frac{U}{I}$，所以导线的电阻与电压成正比，与电流强度成反比。（　　）

3. 并联电路的总电阻要小于参与并联的每一个电阻。（　　）

4. 路端电压随外电阻的增大而增大。（　　）

5. 外电路断开时，路端电压等于电源电动势。（　　）

二、选择题

1. 5Ω、10Ω 和 20Ω 的电阻适当组合后，得到的最小电阻 R 是（　　）

A. 5Ω<R<10Ω　　　　B. 10Ω<R<15Ω　　　　C. R<5Ω　　　　D. 15Ω<R<20Ω

2. 已知金属电器 A 的电阻是 B 的电阻的 2 倍，加在 A 上的电压是加在 B 上的电压的一半，那么通过 A 和 B 的电流 I_A 和 I_B 的关系是（　　）

A. $I_A=2I_B$　　　　B. $I_A=\frac{I_B}{2}$　　　　C. $I_A=4I_B$　　　　D. $I_A=\frac{I_B}{4}$

3. 有一个标有"220V，40W"的灯泡，下面说法中正确的是（　　）

A. 正常工作时的电流是 5.5A　　　　B. 电阻是 1210Ω

C. 只要通电，电功率就是 40W　　　　D. 只要通电，电压就是 220V

4. 如复习题图 9-1 所示，R_2 为变阻器，灯泡电阻为 R_1，电源电动势为 E、内阻为 r，当变阻器的电阻减小时，电灯的亮度将（　　　）

A. 变亮 　　　　　　 B. 变暗 　　　　　　 C. 不变 　　　　　　 D. 无法确定

5. 有 a、b、c、d 四只电阻，它们的伏安特性曲线如复习题图 9-2 所示，则图中电阻最大的是（　　　　）

A. a 　　　　　　 B. b 　　　　　　 C. c 　　　　　　 D. d

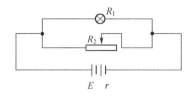

复习题图 9-1

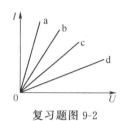

复习题图 9-2

三、填空题

1. 串联电路具有分_____作用，并联电路具有分_____作用。

2. 电源输出功率最大的条件是_____，最大值为_____。

3. 一根导线对折后，电阻是原来的_____倍，若拉至原长 2 倍，则电阻为原来的_____倍。

4. 对于纯电阻电路，电路中产生的热量 Q 和电功 W 的关系是_____，对于非纯电阻电路，二者的关系是_____。

5. $1\text{kW} \cdot \text{h}$ 又称为_____，它等于_____ J。

6. 人体通过 50mA 的电流时，就会引起呼吸器官麻痹。如果人体的最小电阻是 800Ω，则人体的安全电压是_____ V。

7. 一电源电动势是 1.5V，其内阻为 0.5Ω，则其断路电压是_____ V，短路电流是_____ A。

8. 闭合电路中，内电阻为 r，外电路的总电阻为 R，若 R 变大，则内电阻 r 上的电压将_____。

四、计算题

1. 如复习题图 9-3 所示，$R_1 = 4\Omega$，$R_2 = 10\Omega$，$R_3 = 12\Omega$，$R_4 = 2\Omega$，接在 C、D 间的电阻为 r，问：

（1）$r \to 0$，AB 间的总电阻是多少？

（2）$r \to \infty$，AB 间的总电阻是多少？

2. 在如复习题图 9-4 所示的电路中，三个电阻的阻值分别是 $R_1 = 2\Omega$，$R_2 = 4\Omega$，$R_3 = 6\Omega$，求：

（1）接通开关 S 而断开关 S_1 时，R_1 与 R_2 两端电压之比和消耗功率之比；

（2）两个开关都接通时，R_2 与 R_3 所消耗的功率之比；

（3）两个开关都接通时，通过 R_3 的电流为 0.8A，若电源内阻为 0.6Ω，求电源电动势。

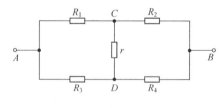

复习题图 9-3

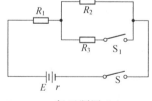

复习题图 9-4

3. 一台内阻为 2Ω 的直流电动机，工作时两端电压为 220V，通过的电流为 4A。求：

（1）电动机从电源处吸收的功率；

（2）电动机的热功率；

（3）转换为机械能的功率。

自 测 题

一、判断题

1. 电流强度是表示电流强弱的物理量。（　　）
2. 加在导体两端的电压和其电阻成正比。（　　）
3. 扩大电压表量程是在电压表上并联一个电阻。（　　）
4. 电流做功就是将电能转化为其他形式的能的过程。（　　）
5. 外电路断开时，路端电压为零。（　　）

二、选择题

1. 关于电流的方向，下列叙述中正确的是（　　）

A. 金属导体中电流的方向就是自由电子定向移动的方向
B. 在电解质溶液中有自由的正离子和负离子，电流方向不能确定
C. 不论何种导体，电流的方向都规定为正电荷定向移动的方向
D. 电流的方向有时与正电荷定向移动的方向相同，有时与负电荷定向移动的方向相同

2. 某电阻的伏安特性曲线如自测题图 9-1 所示，这个电阻为（　　）

A. 0.5Ω　　　　　B. 1Ω　　　　　C. 2Ω　　　　　D. 都不正确

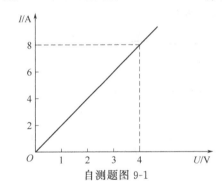

自测题图 9-1

3. 计算任何类型的用电器的电功率都适用的公式是（　　）

A. $P = I^2 R$　　　　　　B. $P = \dfrac{U^2}{R}$　　　　　　C. $P = UI$　　　　　　D. 以上三个公式都适用

4. 如自测题图 9-2 所示，A、B、C 三盏灯消耗的电功率一样，则 A、B、C 三盏灯的电阻之比 R_A：R_B：R_C 是（　　）

A. $1:1:1$　　　　　B. $1:4:4$　　　　　C. $4:1:1$　　　　　D. $1:2:2$

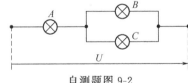

自测题图 9-2

5. 关于电动势，下列说法中错误的是（　　）

A. 电源电动势与外电路的组成无关
B. 电动势越大的电源，将其他形式的能转化为电能的本领越大
C. 电源电动势等于内电压和外电压之和
D. 电源两极间的电压等于电源电动势

三、填空题

1. 一根金属导线的两端加 8V 电压，通过它的电流是 2A，则它的电阻是 _____ Ω。在 5s 内，有

_____ C 的电量通过导线的横截面。

2. 甲、乙两条导线由同种材料组成，它们的长度之比为 1：4，横截面积之比为 2：1，则甲、乙两条导线的电阻之比是 _____。

3. 有一个量程为 10mA、内阻为 27Ω 的电流表，现在要把它的量程扩大到 100mA，应 _____ 联一个 _____ Ω 的电阻。

4. 在自测题图 9-3 中，所有电阻都是 6Ω，则 AB、CD 间的总电阻依次为 _____ Ω、 _____ Ω。

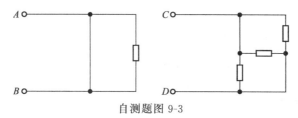

自测题图 9-3

* 5. 有 4 个相同的电池，每个电池的电动势为 1.5V，内阻为 0.2Ω。当它们全部串联时，电池组的电动势为 _____ V，内电阻为 _____ Ω；当它们全部并联时，电池组的电动势为 _____ V，内电阻为 _____ Ω。

四、计算题

1. 某灯泡标有 220V、××W，其中瓦数已看不清，当灯泡接在 220V 的电源上发亮后，测量得灯泡的电流为 0.273A，求灯泡的额定功率和灯泡正常发光时灯丝的电阻。

2. 如自测题图 9-4 所示，R 为 0.80Ω，当开关 S 断开时，电压表的示数为 1.5V；当开关 S 闭合时，电压表的示数为 1.2V。电源的内电阻为多大？

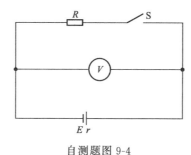

自测题图 9-4

第十章 磁 场

早在两千多年前，人们就已经发现了磁现象和电现象。指南针是我国古代对人类的伟大贡献之一。关于磁现象和电现象的联系，是由奥斯特1820年观察到的电流对磁针有作用力，才开始逐步认识的。随着对电磁现象的深入研究，电磁理论迅速发展起来，并极大地推动了科学研究和生产技术的发展。

本章在初中已有物理知识的基础上，将学习磁场的基本性质、电流和磁场的相互关系及相互作用等知识。

第一节 磁场 磁感应线

学习目标

1. 了解磁现象，掌握磁场的性质。
2. 理解磁感应线的概念，掌握用磁感应线描述磁场的方法。

一、磁场

在初中已经学过，磁体能够吸引铁、钴、镍等磁性材料，磁体的这一性质称作磁性。一个磁体上磁性最强的两处称作**磁极**。可以自由转动的磁针静止时，总有一端指北，另一端指南，指北的一端称为北极，用 N 表示；指南的一端称为南极，以 S 表示。实验结果表明，磁体之间存在相互作用力：**同名磁极相互排斥，异名磁极相互吸引**。正如同电荷间的相互作用是通过电荷周围的电场传递的那样，磁体间的相互作用也是通过磁体在周围空间产生的磁场传递的。磁场对磁体的作用力称为**磁场力**。

二、磁场的方向

把小磁针放在条形磁体周围不同的位置上，磁针 N 极的指向一般各不相同（见图10-1），这说明磁场是有方向性的。规定：**在磁场中某点，小磁针 N 极的受力方向，即小磁针静止时 N 极所指的方向，就是该点的磁场方向。**

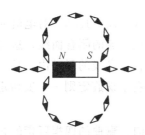

图 10-1 磁场的方向性

图 10-2 磁感应线

三、磁感应线

在研究电场的时候，曾用电场线形象地描绘电场。与此类似，在研究磁场时也可以利用磁感应线描绘磁场。

在磁场中画出一系列带箭头的曲线，使这些**曲线上每一点的切线方向，与该点的磁场方向一致**，这些曲线就称为**磁感应线**或磁感线，又称磁力线。所以，某点的磁场方向就是该点的磁感应线的切线方向，如图 10-2 所示。

磁感应线不仅可以描述磁场的方向，还可以表示磁场的强弱。由常见磁体的磁感应线分布（见图 10-3）可知：磁极附近磁场强，磁感应线密，距磁极较远处磁场弱，磁感应线疏。在磁体外部，磁感应线是从 N 极指向 S 极；在磁体内部，磁感应线是从 S 极指向 N 极，磁感应线是闭合曲线。此外，磁场中任意两条磁感应线不会相交。

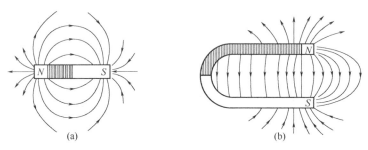

图 10-3　常见磁体的磁感应线分布

第二节　电流的磁场　安培定则

学习目标

1. 了解电流的磁场，理解典型磁场的空间分布情况。

2. 熟练运用安培定则。

一、电流的磁效应

千百年来，人们一直认为电现象和磁现象之间没有什么联系，对物质的磁性本质迷惑不解。1820 年，丹麦物理学家奥斯特（1777—1851）给一条水平导线通电时，发现导线下面的小磁针发生偏转（见图 10-4）。这一偶然发现，对于长期探索电与磁关系的科学家来说，真是如获至宝。这说明，不仅磁铁可以产生磁场，电流也能产生磁场，电和磁是密切联系的。**电流产生磁场的现象称为电流的磁效应。**

在奥斯特发现电流的磁效应之后，法国物理学家安培（1775—1836）对电流的磁效应做了深入细致的研究。他发现电流的磁场的磁感应线都是环绕电流的闭合曲线，这与静电场中不闭合的电场线是不同的。对于直线电流，磁感应线在垂直于导线的平面内，是一系列的同心圆［见图 10-5（a）］。电流方向与磁感应线方向之间服从右手螺旋定则——安培定则。

二、安培定则

用右手握住导线，使垂直于四指的大拇指指向电流方向，弯曲的四指所指的方向就是磁感应线的方向［见图 10-5（b）］。

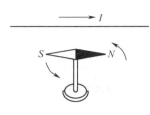

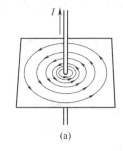

(a)　　(b)

图 10-4　电流的磁效应　　　　　　图 10-5　直线电流的磁场

环形电流的磁场如图 10-6 所示。它的磁感应线是一些围绕环形导线的闭合曲线。环形电流的方向与它的磁感应线方向之间的关系，也可用安培定则来判定：**使右手弯曲的四指指向电流方向，而与四指垂直的拇指所指的方向，就是环形电流中心轴线上磁感应线的方向。**

通电螺线管的磁场如图 10-7 所示。它与条形磁体的磁场很相似，它的一端相当于条形磁体的 N 极，另一端相当于 S 极。它在外部的磁感应线是从 N 极指向 S 极。通电螺线管内部的磁感应线与螺线管轴线平行，方向由 S 极指向 N 极，并与外部的磁感应线相接，形成闭合曲线。

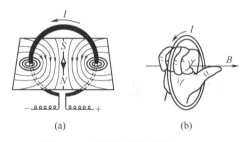

(a)　　　　(b)

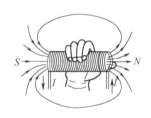

图 10-6　环形电流的磁场　　　　　图 10-7　通电螺线管的磁场

通电螺线管的磁感应线方向与电流方向之间的关系，也可用安培定则来判定：**用右手握住螺线管，使弯曲的四指所指的方向与电流的方向一致，那么伸直的大拇指所指的方向，就是螺线管内部磁感应线的方向。**

习题 10-2

10-2-1　小磁针为什么具有指示南、北的特性？

10-2-2　什么叫磁感应线？磁感应线和电场线有什么显著的区别？

10-2-3　如习题 10-2-3 图所示，当导线 ab 中有电流通过时，磁针的 S 极转向读者，画出导线 ab 中电流的方向。

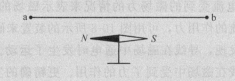

习题 10-2-3 图　　　　　　　　　习题 10-2-4 图

10-2-4 试确定习题 10-2-4 图中通电螺线管的 N 极和 S 极，并画出它的内部和外部的磁感应线。

10-2-5 试确定习题 10-2-5 图中电源的正极和负极。

习题 10-2-5 图 習題 10-2-6 图

10-2-6 如习题 10-2-6 图所示，竖直线圈内悬一磁针，线圈平面恰与磁针静止时所处的竖直平面重合。线圈内通以顺时针方向的电流后，磁针的 N 极指向何方？

10-2-7 当螺线管中通入的电流方向如习题 10-2-7 图所示时，试分别画出每只磁针的 N 极和 S 极。

习题 10-2-7 图

第三节　磁感应强度　磁通量

学习目标

1. 掌握磁感应强度和磁通量的概念，并会进行计算。
2. 了解匀强磁场的特点。

一、磁感应强度

磁场不仅有方向性，而且有强弱的不同。巨大的电磁铁，能够吸起成吨的钢铁，而小磁

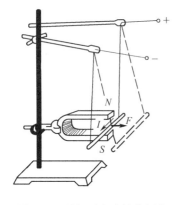

图 10-8　磁场对电流的作用

铁只能吸起铁屑。那么，应如何表示它们磁场的强弱呢？

在研究电场强弱时，我们从分析电场对电荷的作用力着手，定义了描述电场强弱的物理量——电场强度。类似地，磁场的主要性质是对电流有力的作用。因此，可以根据电流受到的磁场力的情况来表示磁场的强弱。磁场对电流的作用力，可用图 10-8 所示的装置来研究。

实验发现，导线在磁场中通电时发生了运动。这表明通电导线在磁场中受到了力的作用。更精确的实验发现，当通电导线与磁场方向平行时，磁场对导线的作用力为零；当两者垂直时，作用力最大；当两者成其他角

度时，作用力在零和最大值之间。为简单起见，先研究一小段通电导线与磁场垂直时决定磁场力的因素。

实验表明，当导线长度 L 不变时，导线所受磁场力 F 与电流强度 I 成正比；当电流强度 I 一定时，导线所受磁场力 F 与导线的长度 L 成正比，即通电导线所受磁场力 F 与 I、L 的乘积成正比，但其比值 $\dfrac{F}{IL}$ 的大小在磁场的同一位置总是不变的。在不同的磁场中，或在同一磁场的不同地点，比值一般不同。比值大处，说明一定长度的电流受到的磁场力大，即磁场强；比值小处，表示同一电流受到的磁场力小，即磁场弱。所以，这个比值可以表示磁场的强弱。

在磁场中，垂直于磁场方向的一小段通电导线所受的磁场力 F 与电流强度 I 和导线长度 L 的乘积 IL 的比值，称为导线所在处的磁感应强度，用 B 表示。

$$B = \frac{F}{IL} \tag{10-1}$$

在 SI 中，磁感应强度 B 的单位是特斯拉，简称特，其符号为 T。

$$1\text{T} = 1\text{N}/(\text{A} \cdot \text{m})$$

地球磁场在地面附近的磁感应强度约为 5×10^{-5} T；永久磁铁两极附近的磁感应强度大为 $0.4 \sim 0.7$ T；在电机和变压器的铁芯中，磁感应强度可达到 $0.8 \sim 1.4$ T，超导磁体产生的磁场可高达十几个特斯拉。

磁感应强度是矢量，规定它的方向与该点的磁场方向一致。

正如用电场线的疏密程度可以表示电场的强弱那样，用磁感应线的疏密程度也可以形象地表示磁场强弱。为此规定：磁感应强度在数值上等于穿过垂直于磁场方向的单位面积的磁感应线条数。这样，在磁感应强度大的地方，磁感应线密集一些；在磁感应强度小的地方，磁感应线稀疏一些。

二、匀强磁场

如果在磁场的某一区域，各点磁感应强度的大小和方向都相同，则这个区域的磁场就为匀强磁场。描绘匀强磁场的磁感应线是疏密程度均匀而且互相平行的直线。

距离很近的两个平行的异名磁极间的磁场（见图 10-9）、通电长螺线管内部的磁场，均可视为匀强磁场。匀强磁场在电磁仪器和科学实验中常常用到。

三、磁通量

在电磁学和电工学里，经常要用到磁通量的概念。**穿过磁场中某一面积的磁感应线条数，称为穿过该面的磁通量，简称磁通，常以字母 $\varPhi$ 表示。**

设在磁感应强度为 B 的匀强磁场中，有一个与磁场方向垂直的平面 S（见图 10-10）。因为磁感应强度在数值上等于穿过垂直于磁场方向的单位面积的磁感应线条数，所以穿过面积 S 的磁通量应为

$$\varPhi = BS \tag{10-2(a)}$$

当平面 S 不与磁场方向垂直时（见图 10-11），穿过面积 S 的磁感应线条数等于穿过该面在垂直于磁场方向上的投影面 S' 的条数。设两个面的夹角为 α，那么穿过面积 S 的磁通量为

$$\varPhi = BS\cos\alpha \tag{10-2(b)}$$

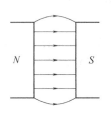

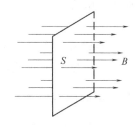

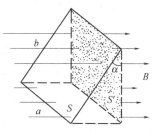

图 10-9　匀强磁场　　　图 10-10　平面与磁场垂直　　　图 10-11　平面与磁场不垂直

如果平面与磁场方向平行，这时 $\alpha=90°$，$\cos\alpha=0$，穿过该面的磁通量是零。

在 SI 中，磁通量的单位是韦伯，简称韦，用符号 Wb 表示。

$$1Wb=1T\cdot m^2$$

垂直于磁场方向的单位面积的磁通量称为磁通密度。因磁感应强度在数值上等于磁通密度，所以磁感应强度也常称为磁通密度，并且用 Wb/m^2 作单位。

习题 10-3

10-3-1　磁感应强度的方向是怎样规定的？它与通电导线在磁场中所受磁场力的方向是否相同？

10-3-2　怎样用磁感应线表示磁场中某点磁感应强度的大小和方向？

10-3-3　在匀强磁场中一条长 6cm 的通电导线，电流是 2A，电流的方向与磁场方向垂直，设通电导线受到的作用力是 0.06N，求磁感应强度是多少？

10-3-4　在一个磁感应强度为 1.5T 的匀强磁场中，垂直穿过 2.0m^2 面积的磁通量是多少？

10-3-5　下列情况中，穿过线圈中的磁通量是增加还是减少？

(1) 增强或减弱通入线圈的电流强度时；

(2) 线圈在匀强磁场中，线圈平面与磁感应线垂直，当线圈从该位置旋转 90° 时。

10-3-6　一小型变压器铁芯的横截面积为 12cm^2，铁芯内部的磁感应强度为 0.80T，求通过铁芯的磁通量是多少？

第四节　磁场对通电直导线的作用力

学习目标

1. 掌握安培定律和左手定则。
2. 会用安培定律进行简单的计算。
3. 会用左手定则判断安培力的方向。

一、安培定律

磁场对通电导线的作用力通常称为安培力。把一小段通电直导线垂直放入磁场中，它所受的磁场力的大小可以由磁感应强度的定义式 $B=\dfrac{F}{IL}$ 导出。

$$F=BIL \tag{10-3}$$

式(10-3) 只适用于匀强磁场。对非匀强磁场，因导线上各处的磁感应强度一般不相同，所以不能直接应用上述公式。

如果通电直导线与磁场不垂直，它所受的安培力的大小应该如何计算呢？

设在磁感应强度为 B 的匀强磁场中，电流方向与磁场方向间的夹角为 θ（见图 10-12），可将 B 分解为垂直于电流方向和平行于电流方向的两个分量，即 $B_\perp=B\sin\theta$ 和 $B_{/\!/}=B\cos\theta$。上节讲过，电流方向与磁场方向平行时，不受磁场力作用，所以分量 $B_{/\!/}$ 对电流不产生作用力；磁场对电流的作用力就等于 $B_\perp$ 对电流的作用力，因此可用 $B_\perp$ 代替 B 计算安培力，有

$$F=BIL\sin\theta \tag{10-4}$$

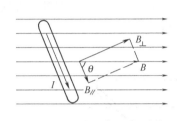

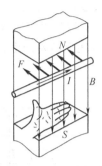

图 10-12　通电导线在磁场中所受力的作用　　　　图 10-13　左手定则

可以看出，安培力的大小除与 B、I、L 各量的大小有关外，还与电流方向和磁场方向之间的夹角有关。当 $\theta=0°$ 时，$\sin\theta=0$，安培力等于零；当 $\theta=90°$ 时，$\sin\theta=1$，安培力最大。这与实验结果相符。

式(10-4) 表明，**安培力的大小等于磁感应强度、电流强度、导线长度以及电流方向和磁场方向夹角的正弦的乘积**，这个结论称为安培定律。

在 SI 中，式(10-4) 中 F、I、L 和 B 分别以 N、A、m 和 T 为单位。

二、左手定则

安培定律给出了安培力的大小，但安培力的方向又应如何确定呢？实验表明，电流所受安培力的方向总是与磁场、电流两者的方向垂直，即总是垂直于磁感应线和通电导线所决定的平面。安培力的方向可以利用**左手定则**来判断：**伸开左手，使大拇指与其余四指垂直，且在同一平面内，让磁感应线垂直穿入手心，使四指指向电流的方向，那么大拇指所指的方向，就是通电导线所受安培力的方向**。如图 10-13 所示。如果通电导线与磁场方向不垂直，可把 B 分解为与导线平行的 $B_{/\!/}$，和与导线垂直的 $B_\perp$，如图 10-12 所示。因为只有 $B_\perp$ 使导线受到力的作用，所以可用 $B_\perp$ 代替 B 应用左手定则判断导线所受安培力的方向。

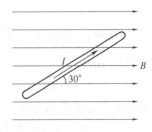

【例题】　如图 10-14 所示，在磁感应强度为 0.40T 的匀强磁场中，有一段长 20cm 并与磁场方向成 30°放置的直导线。当直导线中有 10A 电流通过时，直导线所受的磁场力有多大？方向如何？

已知 $B=0.4$T，$L=20$cm$=0.20$m，$I=10$A，$\theta=30°$。

求 F。

图 10-14　通电直导线在磁场中的受力

解　由安培定律得，直导线所受磁场力为

$$F = BIL\sin\theta = 0.40 \times 10 \times 0.20 \times \frac{1}{2} = 0.4(\text{N})$$

由左手定则可知，力的方向垂直于 B 和 I 所决定的平面，即垂直纸面向里。

答：直导线所受的磁场力大小为 0.4N，方向垂直纸面向里。

把一个通电平面线圈放在磁场中，它会受到力矩作用而发生转动。磁电式电表和电动机就是根据这一原理制成的，下面分析这个力矩是怎样产生的。

三、磁场对通电线圈的作用

如图 10-15 所示，把一单匝通电矩形线圈放在匀强磁场中，线圈平面和磁场方向的夹角为 θ。线圈顶边 ad 和底边 bc 所受的安培力大小相等，方向相反，作用在轴线方向上，彼此平衡。ab 和 cd 边与磁感应线垂直，它们所受的安培力 F_{ab} 和 F_{cd} 大小相等，方向相反，由于不在一条直线上而要产生力矩，使线圈绕 OO' 轴转动。

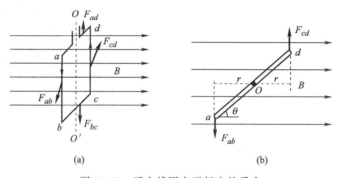

图 10-15　通电线圈在磁场中的受力

现在计算力矩的大小。设匀强磁场的磁感应强度为 B，$ab = cd = L_1$，$bc = da = L_2$，则力 $F_{ab} = F_{cd} = BIL_1$，力臂 $r_1 = r_2 = r = \dfrac{L_2}{2}\cos\theta$，力矩的大小为

$$M_1 = M_2 = F_{ab}r = BIL_1\frac{L_2}{2}\cos\theta$$

由于力矩 M_1 和 M_2 均使线圈绕 OO' 轴按逆时针方向转动，所以合力矩 $M = M_1 + M_2 = BIL_1L_2\cos\theta$，而 L_1L_2 等于矩形线圈的面积 S，这样

$$M = BIS\cos\theta \tag{10-5}$$

由式(10-5)可知，当线圈平面与磁感应线平行时，$\theta = 0°$，$\cos\theta = 1$，线圈所受力矩最大，$M = BIS$；当线圈平面与磁感应线垂直时，$\theta = 90°$，$\cos\theta = 0$，线圈所受力矩为零。

对于 N 匝平面线圈，它所受力矩是单匝线圈的 N 倍。

$$M = NBIS\cos\theta \tag{10-6}$$

可以证明，式(10-6)不仅适用于矩形线圈，而且适用于任意形状的平面线圈。

习题 10-4

10-4-1　一根通电直导线放在磁场中，习题 10-4-1 图中已分别标明电流、磁感应强度和磁场对电流的作用力这三个物理量中两个量的方向，试标出第三个物理量的方向。

10-4-2　把长 20cm 通有 3.0A 电流的直导线，放入磁感应强度为 1.2T 的匀强磁场中，当电流方向与磁感应线方向成 90°、30° 时，导线所受的安培力各是多大？

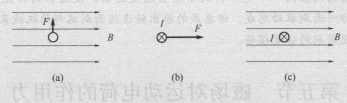

(a)   (b)   (c)

习题 10-4-1 图

10-4-3 在磁感应强度为 0.8T 的匀强磁场中，放一根与磁场方向垂直，长度为 0.5m 的通电直导线，导线中的电流是 10A。导线沿磁场力方向移动 20cm，磁场力对通电导线所做的功是多少？

10-4-4 一个边长为 10cm，通有 2.0A 电流的正方形线圈，放在磁感应强度为 0.80T 的匀强磁场中，磁场方向与线圈平面平行。求线圈在该位置时受到的力矩。

10-4-5 把一长为 2.0cm，宽为 1.0cm 的长方形线圈放在匀强磁场中，线圈平面与磁感应线方向平行，当通过线圈的电流为 0.30A 时，磁场对线圈的力矩是 $9.0 \times 10^{-6} \text{N} \cdot \text{m}$，求磁场的磁感应强度。

相关链接

安 培

安培（1775—1836）是法国物理学家，在电磁作用方面的研究成就卓著，对数学和化学也有贡献。他在 1820—1827 年对电磁作用的研究成果主要有：提出安培定则；发现电流的相互作用规律；发明了电流计；提出分子电流假说；总结了磁场对电流元的作用规律——安培定律。

1827 年，安培将他的电磁现象研究综合在《电动力学现象的数学理论》一书中，这是电磁学史上一部重要的经典论著，对电磁学的发展起了深远的影响。为了纪念安培在电学上的杰出贡献，电流的单位安［培］是以他的姓氏命名的。

汽车雨刷器的工作原理

电动机所做的工作可能让你惊诧不已，它们无所不在！例如，汽车、厨房用具、浴室、办公室等等，你都可以找到它们的身影。让我们一起来了解一下汽车雨刷电动机的工作原理吧。

汽车的雨刷器是通过雨刷器电动机驱动的。用电位器来控制几个挡位的电机转速。雨刷器电动机的后端有封闭在同一个壳体内的小型齿轮变速器，使输出的转速降低至需要的转速。这个装置俗称叫雨刷驱动总成。该总成的输出轴连接雨刷端部的机械装置，通过拨叉驱动和弹簧复位实现雨刷的往复摆动。

第五节　磁场对运动电荷的作用力

学习目标

1. 了解洛伦兹力。
2. 会计算洛伦兹力的大小，会判断洛伦兹力的方向。

一、电子束在磁场中的偏转

导体中的电流是由大量电荷做定向运动形成的，因此磁场对通电导线的作用力，实际上是对这些定向运动的电荷的作用力的宏观表现。

为了证实磁场对运动电荷有作用力，可以做下面的实验。图 10-16 是一个抽成真空的电子射线管，从阴极发射出来的电子束，在阳极和阴极间的高电压作用下，轰击到长条形的荧光屏上而激发荧光，因此能观察到电子束运动的径迹。实验表明，在没有外磁场时，电子束沿直线前进。如果把射线管放在蹄形磁铁的两极间，就可看到电子运动的径迹发生了弯曲。这就证明，运动电荷确实受到了磁场的作用力。

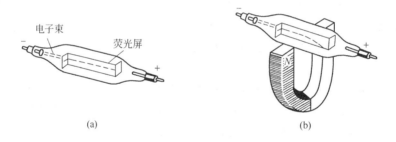

(a)　　　　　　　　　　　　　　　(b)

图 10-16　电子束在磁场中的偏转

二、洛伦兹力

荷兰物理学家洛伦兹（1853—1928）首先提出了磁场对运动电荷有作用力的观点。为了纪念他，人们把**磁场对运动电荷的作用力称为洛伦兹力**。洛伦兹力的方向也可以用左手定则来确定。**伸开左手，使拇指与其余四个手指垂直，并且都与手掌在同一个平面内，让磁感线垂直穿入手心，并使四指指向正电荷运动的方向或负电荷运动的反方向，那么，大拇指所指的方向就是运动电荷所受的洛伦兹力的方向**（见图 10-17）。

由于洛伦兹力总是与电荷运动的方向垂直，所以洛伦兹力对运动电荷不做功，它只能改变电荷运动的方向，而不能改变电荷运动速度的大小。这是洛伦兹力的一个重要特征。

实验和理论指出，当电荷的运动方向与磁场方向成一个夹角 θ 时（见图 10-18），洛伦兹力的大小为

$$f = Bqv\sin\theta \tag{10-7}$$

式中，f、q、v、B 的单位分别是 N、C、m/s、T。

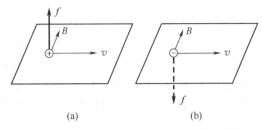

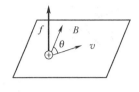

图 10-17 运动电荷在磁场中所受的作用力　　图 10-18 一般情况下运动电荷
在磁场中所受的作用力

如果电荷沿磁场方向运动，$\theta = 0°$，那么 $f = 0$，运动电荷不受洛伦兹力的作用；如果电荷运动方向垂直于磁场方向，$\theta = 90°$，那么 $f = Bqv$，运动电荷所受的洛伦兹力最大。

习题 10-5

10-5-1 带电粒子在磁场中运动，洛伦兹力对它是否做功？能否用磁场使电子加速？

10-5-2 竖直向上射出的一束粒子，有带正电荷的，有带负电荷的，还有不带电的，你能将它们分开吗？

10-5-3 如习题 10-5-3 图所示，带电粒子以速率 v 射入匀强磁场，试判断它们所受的洛伦兹力的方向。

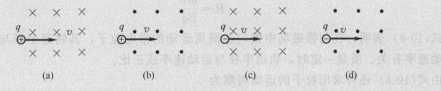

习题 10-5-3 图

10-5-4 电子以速率 $v = 3.0 \times 10^6 \, \text{m/s}$，垂直进入 $B = 0.10\text{T}$ 的匀强磁场，它所受的洛伦兹力多大？

*第六节　带电粒子在匀强磁场中的运动

学习目标

1. 理解带电粒子垂直进入匀强磁场时的运动情况。

2. 掌握带电粒子做匀速圆周运动的半径公式和周期公式。

3. 了解回旋加速器的工作原理。

如果在匀强磁场中有一个运动的带电粒子，那么，只要它的速度与磁场方向不在一直线上，它就要受到磁场的洛伦兹力的作用，粒子就会偏离原来的运动方向，做曲线运动。这里，只研究一种最重要的情况，即带电粒子的初速度与磁场方向垂直的情况。

一、带电粒子在匀强磁场中的匀速圆周运动

如图 10-19 所示，带电粒子的初速度与磁场方向垂直，粒子质量为 m，电量为 $-q$，它

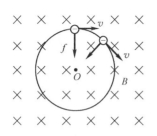

图 10-19 带电粒子垂直进入磁场的运动轨迹

所受的洛伦兹力的大小为

$$f = Bqv$$

由于洛伦兹力的方向总是与粒子的运动方向垂直，它对粒子不做功，因此它不改变粒子的速度大小，只改变粒子的速度方向。此时，洛伦兹力起着向心力的作用。由于粒子的速度大小保持恒定，洛伦兹力的大小也保持不变，因此粒子做匀速圆周运动。

上述推论可用实验证明。在一种特制的电子射线管中，充入低压水银蒸气或氢气，电子射线能使这些气体发出辉光，从而显示出电子的径迹。在没有磁场作用时，电子的径迹是直线；当加有匀强磁场时，电子的径迹就成为圆形。

二、带电粒子的轨道半径和运动周期

下面计算带电粒子做圆周运动的轨道半径。由于粒子所受的洛伦兹力就是它做匀速圆周运动所需的向心力，所以有

$$Bqv = m\frac{v^2}{R}$$

由此可得其轨道半径为

$$R = \frac{mv}{Bq} \tag{10-8}$$

式(10-8)表明，在匀强磁场中做匀速圆周运动的带电粒子，其轨道半径与粒子的质量和运动速率有关。质量一定时，轨道半径与运动速率成正比。

由式(10-8)还可求出粒子的运动周期为

$$T = \frac{2\pi R}{v} = \frac{2\pi m}{Bq} \tag{10-9}$$

由式(10-9)可知，带电粒子在磁场中做匀速圆周运动时，其周期与轨道半径和速率无关，这一结论就是制造回旋加速器的依据。

三、回旋加速器

回旋加速器的作用就是对带电粒子加速，以使它们具有很高的能量。用这样的高能带电粒子轰击原子核，就可以观察原子核的变化，从而对原子核进行研究，以了解原子核的奥秘。

回旋加速器的工作原理如图 10-20 所示，它由两个 D 形的金属扁盒组成。盒子放在匀强磁场中，盒面与磁场方向垂直。被加速的带电粒子将在两盒中受到洛伦兹力作用而做匀速圆周运动。两盒连接高频交流电源，在两盒缝隙中产生交变电场。缝隙中心的离子源发出的带正电的粒子，被两盒缝隙间的电场加速后以某一速率 v 垂直进入匀强磁场，在磁场作用下沿圆弧运动，绕过半个圆周后又重新进入缝隙。由式(10-9)可知，若磁感应强度 B、离子质量 m 及离子电量 q 均不变，则离子做圆周运动的周期 T 就不变，离子在磁场中每走半圈的时间将保持不变，而与离子的速率及圆的半径无关。所以，可以调节高频电源的周期 T 来配合离子运动半圈所需

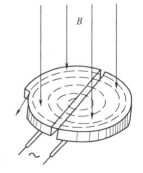

图 10-20 回旋加速器的工作原理

的时间，使电源在两盒缝隙中产生的交变电场，恰好在离子走完半圈时改变一次方向，那么离子每经过缝隙时就被加速一次。这样反复多次，它的能量就逐渐增加，最后即可获得高能粒子。目前世界上最大的同步加速器，可使质子的能量达到 10^{12} eV。

习题 10-6

10-6-1 一带电 $3.2×10^{-19}$ C、质量为 $6.7×10^{-27}$ kg 的带电粒子，以 $2.0×10^6$ m/s 的速率垂直射入磁感应强度为 0.20T 的匀强磁场中，求：

（1）粒子所受的磁场力的大小；

（2）粒子做圆周运动的周期；

（3）粒子在磁场中运动的回转半径。

10-6-2 在磁感应强度为 0.800T 的匀强磁场中，有一质子做半径为 0.200m 的匀速圆周运动，求质子的运动速率和运动周期。（已知质子的质量为 $1.67×10^{-27}$ kg，电量为 $1.60×10^{-19}$ C）

10-6-3 动能为 $8.48×10^{-13}$ J 的 α 粒子垂直进入磁感应强度是 1.00T 的匀强磁场中，求作用在 α 粒子上的洛伦兹力和 α 粒子的轨道半径。（已知 α 粒子的质量为 $6.64×10^{-27}$ kg、电量为 $3.20×10^{-19}$ C）

*第七节 磁性材料

学习目标

1. 了解磁现象的电本质。

2. 了解磁性材料的分类及应用。

一、物质磁性的电本质

磁体和电流均能产生磁场，电流的磁场是由运动电荷产生的，那么磁体的磁场又是怎样产生的呢？安培根据环形电流的磁性与小磁针的磁场相似，提出了**分子电流的假说**。他认为，在原子、分子等物质微粒内部，存在着一种环形电流——分子电流。分子电流使每个物质微粒都成为一个微小的磁体，它的两侧形成两个磁极，如图 10-21 所示，这两个磁极与分子电流密切地联系在一起。

安培的分子电流的假说能够较好地解释各种磁现象，例如物体在外磁场中具有一定磁性的现象，即**磁化现象**。一根铁棒在未磁化时，内部各个分子电流的取向是杂乱无章的，它们的磁场互相抵消，对外界不显磁性，如图 10-22（a）所示。当铁棒受到外界磁场作用时，各分子电流的取向变得大致相同，物体就被磁化了，两端形成磁极，如图 10-22（b）所示。当

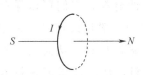

图 10-21 分子电流

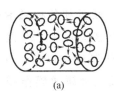

(a)

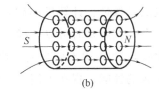

(b)

图 10-22 磁性物质的磁化

磁体受热或振动时，排列有序的分子电流又会变得杂乱无章，磁体就会失去磁性。

在安培所处的时代，人们还不了解原子的结构，因而不能解释为什么会有分子电流的存在。直到 20 世纪初人们才知道，分子电流是由原子内部电子的运动形成的。

安培的分子电流假说揭示了磁现象的电本质，使人们认识到磁体的磁场和电流的磁场一样，都是由运动电荷产生的。磁体之间的相互作用，本质上也是运动电荷之间的相互作用。

二、磁性材料的分类

实验表明，任何物质在外磁场作用下，都能够被磁化，但不同的物质被磁化的程度是不同的。根据在外磁场中的表现，物质可大致分为**顺磁性物质、抗磁性物质和铁磁性物质**三类。物质在磁场中的特性见表 10-1。

表 10-1　物质在磁场中的特性

项　目	顺磁性物质	抗磁性物质	铁磁性物质
被磁化后磁性的强弱	很弱	很弱	很强
被磁化后磁场的方向	使外磁场稍有增强	使外磁场稍有减弱	使外磁场大大增强
外磁场撤去后的磁性	磁性几乎完全消失	磁性几乎完全消失	剩余一部分磁性（剩磁）
代表物质	锰、铬、铝等	铋、铜、银、惰性气体等	金属磁性材料（包括铁、钴、镍及其合金等）、铁氧体

顺磁性物质和抗磁性物质统称为**弱磁性材料**，铁磁性物质又称为**强磁性材料**。通常所说的磁性材料是指强磁性材料。

被磁化的物质，在外磁场消失后，仍然剩余一部分磁性的现象，称为**剩磁**。习惯上按剩磁的多少可将磁性材料分为两类：剩磁强的称为**硬磁性材料**，剩磁弱的称为**软磁性材料**。磁性材料按化学成分通常可分为**金属磁性材料**和**铁氧体**两大类。铁氧体是以氧化铁为主要成分的磁性氧化物。常见的金属硬磁性材料有碳钢、钨钢和铝镍合金等，硬铁氧体有钡铁氧体和锶铁氧体。常见的软磁性材料有软钢、硅钢、坡莫合金（镍铁合金）等，软铁氧体有锰锌铁氧体、镍锌铁氧体等。

三、磁性材料的应用

硬磁性材料的剩磁强，不易退磁，适于制造永久磁铁，被广泛地应用在磁电式仪表、扬声器、话筒和永磁电机等电器设备中。软磁性材料的剩磁弱，且容易去磁，适用于需要反复磁化的场合，可以用来制造半导体收音机的天线磁棒、录音机的磁头、电子计算机中的记忆元件，以及变压器、交流发电机、电磁铁和各种高频元件的铁芯等。

随着社会的发展，磁性材料与人们日常生活的关系越来越紧密。录音机的磁带、录像机的录像带、计算机的软盘、硬盘和各种磁卡中都含有磁性材料，它们可以保存大量的信息，在需要时可以"读"出这些信息。20 世纪 70 年代以前，磁记录材料均采用磁性氧化物，70 年代末期合金磁粉研制成功以后，开始采用金属磁性材料，从而大大提高了磁记录的性能。现在人们又在使用金属薄膜作磁记录磁性材料，从而使磁记录技术得到了进一步的提高。

本章小结

本章主要介绍了磁场的概念，并对磁场进行了定性和定量的描述，研究了磁场对电流、运动电荷的作用规律及其应用。

一、磁场

1. 磁场

存在于磁体和电流周围能传递磁相互作用的特殊物质。

磁场有强弱和方向，习惯上规定：可以自由转动的小磁针静止时 N 极的指向为磁场的方向。

2. 磁场的直观描述

为形象描述磁场的强弱和方向，引入磁感应线的概念。在磁场中画出一系列带箭头的曲线，使曲线上每一点的切线方向与该点的磁场方向相同，磁感应线的疏密表示磁场的强弱。

3. 电流的磁场

电流能够产生磁场。电流磁场的磁感应线的方向可以用安培定则（右手螺旋定则）确定。

* 4. 磁的本质

一切磁现象都是由运动的电荷产生的。

二、磁感应强度和磁通量

1. 磁感应强度

垂直于磁场方向的一小段通电导线所受的磁场力 F 与电流 I 和导线长度 L 的乘积 IL 的比值，称为该处的磁感应强度，即

$$B = \frac{F}{IL}$$

磁感应强度为矢量，其方向为该处磁场的方向。

2. 磁通量

穿过某一平面的磁感应线条数，称为磁通量。对匀强磁场中的一个平面线圈而言，穿过它的磁通量 Φ 等于磁感应强度 B、平面面积 S 及平面 S 与它在垂直于磁场方向上的投影平面 S' 的夹角 α 的余弦的乘积，即

$$\Phi = BS\cos\alpha$$

磁通量是标量。

三、磁场对电流和运动电荷的作用

1. 安培定律

在匀强磁场中，通电直导线所受的安培力 F 的大小等于磁感应强度 B、电流强度 I、导线长度 L 以及电流方向和磁场方向夹角的正弦 $\sin\theta$ 的乘积，即

$$F = BIL\sin\theta$$

其方向可用左手定则判定：伸开左手，使大拇指与其余四指垂直并在同一平面内，让磁感应线垂直穿入手心，四指指向电流的方向，则大拇指所指的方向即为电流所受安培力的方向。

2. 磁场对通电线圈的作用

一面积为 S 的平面线圈在匀强磁场中所受磁场的作用力矩为

$$M = NBIS\cos\theta$$

式中，N 为线圈匝数；B 为磁感应强度；I 为线圈中通入的电流强度；θ 为平面与磁场方向的夹角。

3. 洛伦兹力

磁场对运动电荷的作用力称为洛伦兹力，其大小为

$$f = qvB\sin\theta$$

式中，q 为电荷的电量；v 为电荷运动的速率；B 为磁感应强度；θ 为 v 方向与 B 方向的夹角。洛伦兹力的方向也用左手定则判定。

* 四、带电粒子在匀强磁场中的运动

当带电粒子的初速度方向与磁场方向垂直时，粒子在洛伦兹力作用下将偏离原来的运动方向，做匀速

圆周运动，其轨道半径和运动周期分别为

$$R = \frac{mv}{Bq} \qquad T = \frac{2\pi m}{Bq}$$

复 习 题

一、判断题

1. 磁感应线密集的地方磁场强。（　　）
2. 磁场中的一小段通电导线所受的安培力方向与该处的磁场方向相同。（　　）
3. 穿过某个平面的磁通量一定不为零。（　　）
4. 通电线圈平面与磁感应线平行时，线圈受的力矩最大。（　　）
5. 磁场对静止的电荷和运动的电荷都有作用力。（　　）

二、选择题

1. 关于磁感应线，下列说法中正确的是（　　）
A. 磁感应线起始于 N 极，终止于 S 极
B. 磁感应线的方向是小磁针 N 极的受力方向
C. 磁感应线的切线方向是该点的磁场方向
D. 磁感应线可以相交
2. 在复习题图 10-1 中，能正确表达电流方向和磁感应线方向关系的是（　　）

A.　　　　　　　　B.　　　　　　　　C.　　　　　　　　D.

复习题图 10-1

3. 根据公式 $B = \dfrac{F}{IL}$，下列结论中，正确的是（　　）

A. B 随 F 增大而增大

B. B 随 IL 的增大而减小

C. B 与 F 成正比，与 IL 成反比

D. B 由磁场本身性质决定，与 F、I、L 均无关

4. 置于磁场中的一小段通电导线，受到安培力的作用，则下列说法中正确的是（　　）

A. 安培力的方向一定与磁感应强度的方向相同

B. 安培力的方向一定与磁感应强度的方向垂直

C. 安培力的方向一定与电流方向垂直，但不一定与磁感应强度方向垂直

D. 安培力、电流和磁感应强度的方向一定相互垂直

三、填空题

1. 磁体外部的磁感应线从_____极到_____极；磁体内部的磁感应线是从_____极到_____。

2. 一长为 0.10m、通过 2.0A 电流的直导线，置于如复习题图 10-2 所示的匀强磁场中。已知磁感应强度为 0.10T，则导线所受安培力的大小分别为（a）_____ N；（b）_____ N；（c）_____ N。

3. 把一个面积为 $5.0 \times 10^{-2}\ m^2$ 的单匝线圈放在磁感应强度为 0.20T 的匀强磁场中，当线圈与磁场垂直时，穿过线圈的磁通量为_____。

4. 矩形通电线圈置于匀强磁场中，当线圈平面平行于磁感应线时，通过线圈的磁通量最_____，线圈所受力矩最_____；当线圈平面垂直磁感应线时，通过线圈的磁通量最_____，线圈所受力矩最_____。

复习题图 10-2

四、计算题

1. 在磁感应强度为 1.5T 的匀强磁场中，有一边长为 0.20m 的正方形线圈。当线圈平面与磁场方向垂直时，通过线圈的磁通量是多少？

2. 如复习题图 10-3 所示，一金属导体棒长 0.49m，质量为 0.010kg，用两根细线悬挂于磁感应强度为 0.50T 的匀强磁场中。若要使细线不受力，导体棒中应通以多大的何方向的电流？

3. 如复习题图 10-4 所示，通电导体棒长为 10cm，电源电动势为 2.0V，回路的总电阻为 5.0Ω，磁感应强度为 0.20T。求导体棒所受安培力的大小和方向。

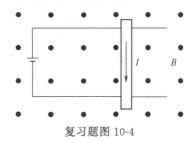

复习题图 10-3　　　　　　　　　　　　　　复习题图 10-4

自 测 题

一、判断题

1. 沿着磁感应线的方向，磁场逐渐减弱。（　　）
2. 磁感应强度的方向与通电直导线在磁场中的受力方向垂直。（　　）
3. 磁场方向与某一平面垂直时，穿过该平面的磁通量最大。（　　）
4. 静止的电荷在磁场中不受洛伦兹力作用。（　　）
5. 运动电荷通过某一区域时不发生偏转，则该区域必定无磁场。（　　）

二、选择题

1. 如自测题图 10-1 所示，通电螺线管的磁场方向和电流方向之间符合安培定则的图形是（　　）

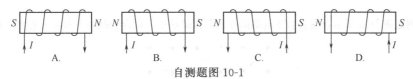

自测题图 10-1

2. 通电直导线的电流方向和它所受的安培力的方向如自测题图 10-2 所示，由此可知磁场的方向为（　　）
A. 竖直向上　　　B. 竖直向下　　　C. 垂直纸面向里　　　D. 垂直纸面向外

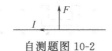

自测题图 10-2

3. 如自测题图 10-3 所示，正电荷 q 受到的洛伦兹力的方向为（　　）

A. 竖直向上　　　　　B. 竖直向下　　　　　C. 水平向左　　　　　D. 水平向右

自测题图 10-3

4. 如自测题图 10-4 所示，四个相同的矩形线圈均通以顺时针方向的电流，且电流大小都相同，把它们放在同一个匀强磁场中，线圈平面都与磁场平行，但各线圈的转轴 OO' 的位置不同，则各线圈所受的力矩大小的关系为（　　）

A. 只有图（1）和图（2）中，线圈所受的力矩相等

B. 只有图（1）和图（3）中，线圈所受的力矩相等

C. 只有图（2）和图（4）中，线圈所受的力矩相等

D. 四种情况中，线圈所受的力矩都相等

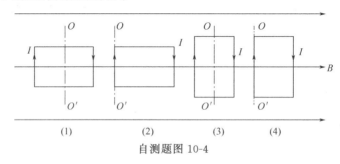

自测题图 10-4

5. 运动的电子（其重力不计）沿着磁感应线的方向进入匀强磁场，下列说法正确的是（　　）

A. 洛伦兹力做正功，电子的动能增加

B. 不受洛伦兹力作用，电子做匀速直线运动

C. 洛伦兹力不做功，电子运动方向向上偏转

D. 洛伦兹力不做功，电子运动方向向下偏转

三、填空题

1. 磁感应线上每一点的_____与该点的磁场方向一致。

2. 使用安培定则确定直线电流的磁场方向时，应使拇指指向_____；使用安培定则确定通电螺线管的磁场方向时，应使弯曲的四指指向_____。

3. 在匀强磁场中，有一长为 0.5m 的直导线，通有 2A 的电流，它受到的最大磁场力为 2×10^{-2} N，则磁场的磁感应强度为_____T；当该导线与磁感应线平行时，它受的磁场力_____N。

*4. 如自测题图 10-5 所示，在垂直于纸面向外的匀强磁场中，垂直于磁场方向向上射出三束粒子 a、b、

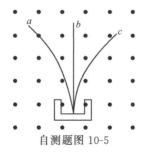

自测题图 10-5

c，它们的偏转轨迹如图所示，则三束粒子的带电性质分别是_____、_____、_____。

四、计算题

1. 如自测题图 10-6 所示，水平放置的平行金属导轨，表面光滑，宽度 L 为 1m。在导轨上放一金属棒，棒与导轨垂直，且通有 0.5A、方向由 a 向 b 的电流。整个装置放在竖直方向的匀强磁场中。在大小为 0.2N、方向水平向右，且与棒垂直的外力 F 作用下，金属棒处于静止状态。

（1）判断所加磁场的方向；

（2）求磁感应强度的大小。

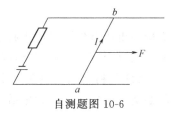

自测题图 10-6

2. 一电量为 2×10^{-6}C 的带电粒子，垂直进入匀强磁场，它的速率为 4×10^{6} m/s，它受到的洛仑兹力为 8×10^{-3}N，求磁场的磁感应强度。

第十一章 电磁感应

电流的磁效应被发现后，人们推想电流既然可以产生磁场，反过来，磁场是不是也能产生电流呢？当时很多物理学家开始探索这个问题。英国物理学家法拉第经过十多年坚持不懈的研究，终于在 1831 年发现在一定条件下利用磁场也能产生电流。这一发现，进一步揭示了电与磁的内在联系，为发电机的制造、电能在生产和生活中的广泛应用开辟了道路。

本章主要研究感应电流的产生条件、方向的判断及感应电动势大小的确定，在此基础上介绍互感、自感现象以及它们的某些应用。这些内容是电磁学的基本内容之一，在电磁学中占有重要的地位。

第一节 电磁感应现象

学习目标

1. 理解电磁感应现象。
2. 掌握产生感应电流的条件。

"磁"怎样产生"电"呢？我们根据法拉第（1791—1867）当年获得电流的方法，做如下三个实验。

如图 11-1 所示，导体 AB 所在的磁场可以看作匀强磁场，当它向左或向右运动时，可以发现电流表的指针在偏转，说明闭合电路中的一部分导体做切割磁感应线运动时，电路中有电流产生。当导体 AB 静止或上下运动时，电流表的指针不发生偏转，这说明闭合电路中的一部分导体不切割磁感应线时，电路中就没有电流产生。这一现象还可以用磁通量的概念来说明。当导体 AB 向左或向右运动时，虽然磁场没有变化，但是导体 AB 切割磁感应线的运动使闭合电路包围的面积在变化，穿过闭合电路的磁通量就发生变化。可以说，穿过闭合

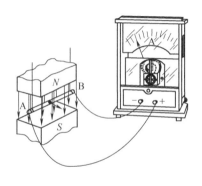

图 11-1 导体运动产生电流

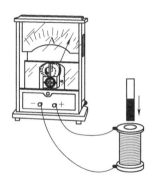

图 11-2 磁铁运动产生电流

电路的磁通量发生变化时，电路中就有电流产生。

　　如图 11-2 所示，把磁铁插入线圈，或把磁铁从线圈中抽出时，电流表指针发生偏转，这说明闭合电路中产生了电流。如果磁铁插入线圈后静止不动，或磁铁与线圈以同一速度运动时，电流表指针不发生偏转，这说明闭合电路中没有电流。在这个实验中，当磁铁插入线圈或从线圈中抽出时，要引起线圈内磁场的变化，线圈内的磁通量也随之发生变化。可见，当闭合电路内的磁通量发生变化时，电路中就产生电流。当磁铁和线圈没有相对运动，即穿过电路的磁通量不变化时，电路中没有电流。

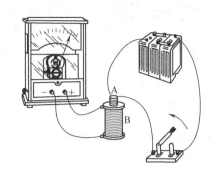

　　如图 11-3 所示，螺线管 A 和线圈 B 彼此独立，把螺线管 A 与蓄电池连接起来，把线圈 B 与电流表连接起来。当接通或打开开关时，电流表指针将发生偏转，这说明在线圈 B 的闭合回路中产生了电流。如果把开关换成滑动变阻器，当调节电阻的阻值时，

图 11-3　开关运动产生电流

通过螺线管 A 中的电流发生变化，也可以观察到电流表指针的偏转，并且 A 中的电流变化越快，线圈 B 中的电流就越大，当螺线管 A 中的电流不变时，线圈 B 中就没有电流。在这个实验中，当 A 通电、断电或改变 A 中的电流时，它产生的磁场都在变化，穿过线圈 B 的磁通量也相应变化，因而在线圈 B 中产生了电流。

　　总之，不论是闭合电路中一部分导体做切割磁感应线的运动，还是闭合电路中磁场在发生变化，**只要穿过闭合电路的磁通量发生变化，闭合电路中就有电流产生**。这种**利用磁场产生电流的现象叫作电磁感应现象，所产生的电流叫作感应电流**。

第二节　楞　次　定　律

学习目标

　　1. 掌握楞次定律和右手定则的内容。
　　2. 会用楞次定律和右手定则判断感应电流的方向。

　　在上一节的实验中，当穿过闭合电路的磁通量发生变化时，可以观察到电路中电流表的指针有时偏向右边，有时偏向左边。这表明在不同情况下，感应电流的方向是不同的。那么，怎样确定感应电流的方向呢？

　　一、右手定则

　　闭合电路中一部分导体做切割磁感应线运动时，电路中产生的感应电流的方向可用右手定则确定：**伸开右手，使拇指与其余四指垂直，且在一个平面内，让磁感应线垂直穿入手心，拇指指向导体运动的方向，四指所指方向就是感应电流的方向**。如图 11-4 所示。

　　二、楞次定律的表述

　　闭合电路中的磁通量发生变化时，怎样确定电路中产生的感应电流的方向呢？我们利用图 11-2 所示的实验来研究这个问题。

　　实验前，我们先要知道通过电流表的电流方向与指针偏转方向之间的关系，这样在实验

过程中，根据指针的偏转方向就可以知道感应电流的方向了。

如图 11-5 所示，当磁铁插入线圈时，线圈内感应电流产生的磁场方向与磁铁的磁场方向相反，如图 11-5(a)、(c) 所示；当磁铁从线圈中抽出时，线圈中感应电流产生的磁场方向与磁铁的磁场方向相同，如图 11-5(b)、(d) 所示。

由上述实验可得出以下结论：当磁铁插入线圈时，穿过线圈的磁通量增加，这时产生的感应电流的磁场方向与磁铁的磁场方向相反，阻碍线圈中原磁通量的增加，如图 11-6(a) 所示。当磁铁从线圈中抽出时，穿过线圈的磁通量减

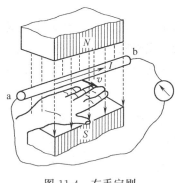

图 11-4　右手定则

少，这时产生的感应电流的磁场方向与磁铁的磁场方向相同，阻碍线圈中磁通量的减少，如图 11-6(b) 所示。

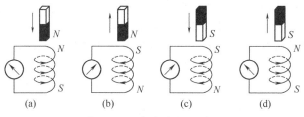

图 11-5　磁场方向间的关系

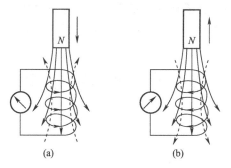

图 11-6　楞次定律的示意

通过对其他电磁感应实验的分析，都能得到类似的结论。当穿过闭合电路的磁通量增加时，感应电流的磁场方向总是与原来的磁场方向相反，阻碍磁通量的增加；当穿过闭合电路的磁通量减少时，感应电流的磁场总是与原来的磁场方向相同，阻碍磁通量的减少。因此可得出以下规律：**感应电流具有这样的方向，其磁场总是要阻碍引起感应电流的磁通量的变化**。该规律最早由俄国物理学家楞次（1804—1865）在大量实验的基础上总结归纳得出，故称之为**楞次定律**。

应用楞次定律可以判断各种情况下感应电流的方向，其具体步骤是：首先确定原磁场方向；其次判断穿过闭合电路的磁通量是增加还是减少；然后根据楞次定律确定感应电流的磁场方向；最后运用安培定则判定感应电流的方向。

下面从能量转换的角度来分析楞次定律。如图 11-5(a)、(c) 所示，当磁铁靠近线圈时，线圈靠近磁铁的一端出现与磁铁同名的磁极；如图 11-5(b)、(d) 所示，当磁铁远离线圈时，线圈靠近磁铁的一端出现与磁铁异名的磁极。由于同名磁极相斥，异名磁极相吸，所以

无论磁铁如何运动，感应电流的磁场总是要阻碍磁铁和线圈之间的相对运动。由此可知，要使磁铁和闭合电路发生相对运动，外力就必须克服它们之间的作用力。在此过程中，外力通过做功将机械能转化为线圈中的电能。楞次定律从另一个侧面反映了能量转换与守恒定律的正确性。

【例题 1】　如图 11-7 所示，导线 AB 与 CD 互相平行，试用楞次定律确定当开关 S 闭合和断开时，CD 中感应电流的方向。

解　（1）当开关 S 闭合时，导线 AB 中的电流从无到有，周围的磁场从无到有，使得导线 CD 所在回路中的磁通量增加，CD 回路中原磁场方向垂直纸面向外。根据楞次定律可知，感应电流的磁场将阻碍原磁通量的增加，所以它的方向与原来的磁场方向相反，即垂直纸面向里。再根据安培定则，可确定导线 CD 中感应电流的方向为由 D→C。

（2）同理，当开关 S 断开时，AB 中电流从有到无，其产生的磁场减弱。根据楞次定律可判断导线 CD 中感应电流的方向为 C→D。

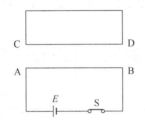

图 11-7　开关 S 闭合和断开时，
判断 CD 中感应电流的方向

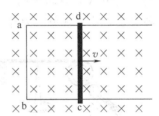

图 11-8　cd 边向右运动时，
判断 cd 中感应电流的方向

【例题 2】　如图 11-8 所示，一个金属框架 abcd 置于匀强磁场中，其中 cd 边可动。当 cd 边向右运动时，试确定其中的感应电流方向。

解　用右手定则判断，导线中的电流由 c 指向 d。同样，根据楞次定律，当导线 cd 向右运动时，原磁场的磁通量增加，感应电流的磁场方向与原磁场的方向相反，即垂直纸面向外，再由安培定则可知，感应电流的方向是由 c 指向 d。

习题 11-2

11-2-1　要使导线中产生如习题 11-2-1 图（a）～（d）所示方向的感应电流，问导线应怎样运动？

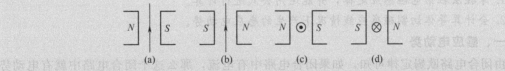

习题 11-2-1 图

11-2-2　如习题 11-2-2 图所示，闭合线框 ABCD 的平面与磁感应线方向平行。试问下列情况中有无感应电流？若有，方向怎样？为什么？

（1）线框沿磁感应线方向移动；

（2）线框垂直于磁感应线方向移动；

（3）线框以 BC 边为轴由前向上转动；

（4）线框以 CD 边为轴由前向右转动。

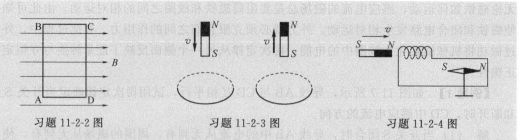

习题 11-2-2 图　　　　习题 11-2-3 图　　　　习题 11-2-4 图

11-2-3　如习题 11-2-3 图所示，将磁铁的 S 极插入金属环或从金属环抽出时，试用楞次定律确定金属环中感应电流的方向。

11-2-4　如习题 11-2-4 图所示，如果使磁铁的 N 极插入线圈，磁针的 N 极将向什么方向转动？

11-2-5　如习题 11-2-5 图所示，两个轻的铝环被尖端支撑在共同重心上，并可自由绕尖端转动。其中 A 环是闭合的，B 环是断开的。用磁铁的任一极分别向 A、B 环插入或抽出时，各会发生什么现象？为什么？

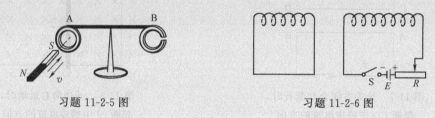

习题 11-2-5 图　　　　　　　习题 11-2-6 图

11-2-6　如习题 11-2-6 图所示，两个线圈都是固定不动的，当右边的线圈断电时，画出左边线圈中感应电流的方向。

第三节　法拉第电磁感应定律

学习目标

1. 掌握法拉第电磁感应定律，并能运用公式进行计算。
2. 会计算导体切割磁感应线情况下产生的感应电动势。

一、感应电动势

由闭合电路欧姆定律可知，如果闭合电路中有电流，那么这个闭合电路中就有电动势。既然电磁感应现象中闭合电路中有电流产生，那么这个电路中也必定有电动势存在。**在电磁感应现象中产生的电动势称为感应电动势。**产生感应电动势的那段导体，如切割磁感应线的导体或磁通量发生变化的线圈，就相当于电源。感应电动势也是有方向的，它的方向与感应电流的方向相同，仍用右手定则或楞次定律来判断。

在电磁感应现象中，当电路不闭合时，虽然电路中没有感应电流，但感应电动势仍然存在。那么感应电动势的大小与哪些因素有关呢？

二、法拉第电磁感应定律的表述

在图 11-1 所示的实验中，导线切割磁感应线的速度越大，穿过闭合电路包围面积的磁通量就变化得越快，感应电流和感应电动势也就越大。在如图 11-2 所示的实验中，磁铁相对于线圈运动得越快，穿过线圈的磁通量就变化得越快，感应电流和感应电动势也越大。实验表明：感应电动势的大小与磁通量变化的快慢有关。磁通量变化的快慢，可用磁通量的变化量 $\Delta\Phi=\Phi_2-\Phi_1$ 与发生该变化所用时间 $\Delta t=t_2-t_1$ 的比值 $\Delta\Phi/\Delta t$ 来表示，这个比值称为磁通量随时间的变化率。

实验证明：**电路中感应电动势的大小与穿过该电路的磁通量的变化率成正比。这就是法拉第电磁感应定律**。可写为

$$E=K\frac{\Delta\Phi}{\Delta t}$$

式中，K 为比例恒量，它的数值取决于式中各量的单位。在 SI 中，Φ 以 Wb、t 以 s、E 以 V 作单位。可以证明 $1V=1Wb/s$，则 $K=1$。

实际上为获得较大的感应电动势，常采用多匝线圈。如果线圈的匝数为 N，穿过线圈的磁通量的变化率都相同，那么这个线圈的感应电动势 E 就是单匝线圈感应电动势的 N 倍，即

$$E=N\frac{\Delta\Phi}{\Delta t} \tag{11-1}$$

由于只用式(11-1) 计算 E 的大小，故式中的 $\Delta\Phi$ 可用其绝对值，即 $\Delta\Phi=|\Phi_2-\Phi_1|$。

【例题 1】 在一个 $B=0.01T$ 的匀强磁场中，放一个面积为 $0.001m^2$ 的线圈，其匝数为 500 匝。在 0.1s 内，把线圈平面从平行于磁场的位置转到垂直于磁场的位置，求感应电动势的平均值。

已知 $B=0.01T$，$S=0.001m^2$，$N=500$ 匝，$\Delta t=0.1s$。

求 E。

解 线圈从平行于磁场的位置转到垂直于磁场的位置，其磁通量将由零变到 Φ_2。

$$\Phi_2=BS=0.01\times0.001=1\times10^{-5}（Wb）$$

磁通量的变化为 $\Delta\Phi=\Phi_2-0=\Phi_2$，所以

$$E=N\frac{\Delta\Phi}{\Delta t}=500\times\frac{1\times10^{-5}}{0.1}=5\times10^{-2}（V）$$

答：感应电动势的平均值为 $5\times10^{-2}V$。

三、导线切割磁感应线时产生的感应电动势

现在我们根据法拉第电磁感应定律来研究导线切割磁感应线时产生的感应电动势的大小。

如图 11-9 所示，把矩形线框 abcd 放在磁感应强度为 B 的匀强磁场中，线框平面与磁感应线垂直。设线框可动部分 ab 的长度为 l，它以速度 v 向右匀速运动，在 Δt 时间内，由原来的位置 ab 运动到 $a'b'$，这个过程中线框面积的变化量 $\Delta S=lv\Delta t$，那么穿过闭合电路的磁通量的变化量为

$$\Delta\Phi=Blv\Delta t$$

根据法拉第电磁感应定律 $E=\dfrac{\Delta\Phi}{\Delta t}$，可以求出闭

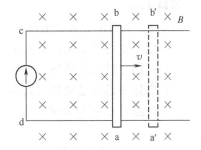

图 11-9 计算导线垂直切割磁感应线时产生的感应电动势

合电路的感应电动势

$$E = Blv \tag{11-2}$$

式(11-2)是导线垂直切割磁感应线时产生的感应电动势的大小，式中，B、l、v 三者的方向相互垂直。

如果导线的运动方向与导线本身垂直，但与磁感应线方向成一夹角 θ（见图 11-10），则可将 v 分解为两个分量：垂直于磁感应线的分量 $v_{\perp}$ 和平行于磁感应线的分量 $v_{//}$。因为 $v_{//}$ 不切割磁感应线，只有 $v_{\perp}$ 切割磁感应线，而 $v_{\perp} = v\sin\theta$，因此

$$E = Blv_{\perp} = Blv\sin\theta \tag{11-3}$$

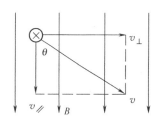

图 11-10　导线斜着切割磁感应线时的情况

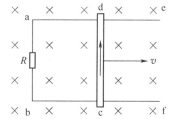

图 11-11　导线在匀强磁场中向右运动

【例题 2】　如图 11-11 所示，匀强磁场方向垂直于纸面向里，磁感应强度为 0.1T。长为 0.4m 的导线 cd 以 5m/s 的速度在导电的轨道 ae、bf 上向右匀速地滑动，问：

（1）c、d 两端，哪一端电势高？

（2）感应电动势多大？

（3）如果轨道 ae、bf 电阻很小，可以忽略不计，电阻 R 等于 0.5Ω，求感应电流的大小。

已知 $B = 0.1\text{T}$，$l = 0.4\text{m}$，$v = 5\text{m/s}$，$R = 0.5\Omega$。

求 E，I。

解　（1）由右手定则知，E 的方向由 c 到 d，可知 d 端电势高。

（2）由 $E = Blv$ 得

$$E = 0.1 \times 0.4 \times 5 = 0.2 \text{ (V)}$$

（3）由闭合电路欧姆定律得

$$I = \frac{E}{R} = \frac{0.2}{0.5} = 0.4 \text{ (A)}$$

答：（1）d 端电势高；（2）感应电动势为 0.2V；（3）感应电流的大小为 0.4A。

习题 11-3

11-3-1　下列说法哪个正确？

（1）电路中感应电动势的大小，与穿过这一电路的磁通量成正比；

（2）电路中感应电动势的大小，与穿过这一电路的磁通量的变化量成正比；

（3）电路中感应电动势的大小，与穿过这一电路的磁通量的变化率成正比；

（4）电路中感应电动势的大小，与单位时间内穿过这一电路的磁通量的变化量成正比。

11-3-2　有一单匝线圈，穿过它的磁通量在 0.050s 内改变了 0.060Wb，求线圈中平均感应电动势的大小。

11-3-3　匀强磁场的磁感应强度是 $0.050\mathrm{Wb/m^2}$，一根长 30cm 的导线，以 5.0m/s 的速度在磁场中运动，运动的方向与磁场方向垂直，计算导线中感应电动势的大小。

11-3-4　在磁感应强度为 0.50T 的匀强磁场中，有一面积为 $9.0\times10^{-2}\mathrm{cm^2}$、匝数为 100 匝的线圈。使线圈平面从与磁场平行位置匀速转到与磁场垂直的位置，所需时间为 0.30s，求这段时间内，线圈中平均感应电动势的大小。

11-3-5　有一个 1000 匝的线圈，在 0.4s 内穿过它的磁通量从 0.01Wb 均匀增加到 0.09Wb，求线圈中的感应电动势大小。如果线圈的电阻是 2Ω，当它与 38Ω 的电热器串联组成闭合电路时，通过电热器的电流是多大？

相关链接

法　拉　第

迈克尔·法拉第（1791—1867）是英国物理学家、化学家，1971 年 9 月 22 日出生于英格兰萨里郡纽因顿镇一个贫苦的铁匠家庭里。1867 年 8 月 25 日，在维多利亚女王赠给他的寓所中逝世。

法拉第是自学成才，他工作勤奋，热心科普工作，是实验大师。他发现了电磁感应现象、法拉第电磁感应定律和磁致旋光效应，提出了力线和场的概念，主张自然界的各种力相互关联，反对超距作用的观点。麦克斯韦的电磁场理论是在法拉第工作的基础上建立的。1843 年，他实验证明了电荷守恒原理。

为了纪念他在静电学方面的贡献，电容的单位称为法［拉］。

第四节　互感　感应圈

学习目标

1. 理解互感现象。

2. 了解感应圈的工作原理。

一、互感

由图 11-3 所示的实验可知，当螺线管 A 中的电流发生变化时，穿过线圈 B 的磁通量就发生变化，则在线圈 B 中就会产生感应电动势。这种**由于一个电路中的电流变化，而在邻近电路中产生感应电动势的现象，称为互感现象**，简称**互感**。变压器、感应圈都是利用互感原理制成的。

二、感应圈

感应圈（见图 11-12）是实验室中和技术上常用来获得高电压的一种装置，实际上是一种特殊形式的升压变压器。

感应圈的构造原理如图 11-13 所示。在绝缘的硅钢片组成的铁芯 M 上，套着两个由绝缘导线绕成的线圈，其中连接电源的线圈称为原线圈，另一个线圈称为副线圈。原线圈是由较粗的绝缘导线绕成的，匝数不多，副线圈则由绝缘细导线绕成，匝数较多，它的两端分别接到两根绝缘的金属棒上，在棒端小球间形成空气间隙 G。原线圈电路的接通和断开是由断续器自动完成的。断续器由螺旋 W、弹簧片 S 和软铁 P 组成。当电路接通时，铁芯被磁化，吸引软铁 P，使它和接触点 A 分开，于是电源被切断，这时铁芯的磁性消失，软铁 P 受弹簧片 S 的弹力作用重新与螺旋 W 接触，电路又被接通。原线圈中的电流就这样时断时通，周期性变化。

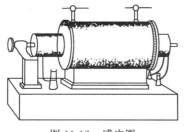

图 11-12　感应圈

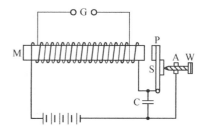

图 11-13　感应圈的构造原理

由于原线圈中的电流发生变化，副线圈中的磁通量将随之变化，因此在副线圈中产生感应电动势。因为副线圈的匝数较多，所以产生的感应电动势数值很大，副线圈两端的电压非常高，能在小球间隙引起火花放电。为防止原线圈断电时在接触点 A 处产生火花放电而烧坏触头，通常在接触点 A 处并联一个电容 C。汽车上的点火装置，常用感应圈制成。

第五节　自　感

学习目标

1. 理解自感现象，了解自感系数及影响自感系数大小的因素。

2. 掌握自感电动势的计算公式。

3. 了解日光灯的工作原理。

在电磁感应现象中，有一种称为自感的特殊情形，下面来观察这种现象。

一、自感现象

如图 11-14 所示，合上开关 S，调节变阻器 R，使两个同样规格的灯泡 A_1 和 A_2 达到相同的亮度。再调节变阻器 R_1，使两个灯都正常发光，然后断开电路。

再接通电路时可以看到，与变阻器 R 串联的电灯 A_2 立刻达到了正常的亮度，而与线圈 L 串联的电灯 A_1，却是较慢地达到正常的亮度。为什么会出现这种现象呢？这是因为在电路接通的瞬间，通过线圈 L 的电流增强，线圈中的磁通量也随之增加，在线圈 L 中产生了感应电动势。由楞次定律可知，这个电动势要阻碍通过线圈的电流的增强，所以灯泡 A_1 较慢地达到正常亮度。

如图 11-15 所示，将一小氖灯 M 与带铁芯的线圈 L 并联在电路中。这种氖灯只有在约 50V 的电压下才能发光。当接通开关后，因为电源电压很低（只有几伏），所以 M 不发光。但将开关断开的瞬时，可看到氖灯突然闪亮一下。

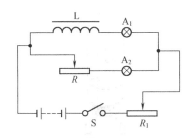

图 11-14　通电时的自感线路图

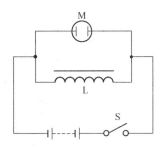

图 11-15　断电时的自感线路图

为什么会出现这种现象呢？这是因为开关断开的瞬间，线圈 L 中电流突然减小，磁通量也随之很快减小，在线圈 L 中产生较大的感应电动势，足以使氖灯发光。

由以上实验可知：当电路中电流发生变化时，电路本身就会产生感应电动势，电动势总是阻碍电路中原来电流的变化。这种**因电路中电流变化而在电路本身产生感应电动势的现象称为自感现象，简称自感**。在自感现象中产生的电动势称为自感电动势，以 E_L 表示。

二、自感系数

自感电动势与其他感应电动势一样，大小与线圈中磁通量的变化率成正比。但是在自感现象中，磁场是由电路中的电流产生的，线圈中磁通量的变化快慢与通过线圈的电流的变化快慢成正比。因此，自感电动势 E_L 就与电流的变化率 $\frac{\Delta I}{\Delta t}$ 成正比，即

$$E_L \propto \frac{\Delta I}{\Delta t}$$

或

$$E_L = L \frac{\Delta I}{\Delta t} \tag{11-4}$$

式中，L 为比例系数，称为线圈的自感系数，简称自感或电感，它由线圈本身的特性决定。线圈越长，单位长度匝数越多，截面积越大，自感系数就越大。另外，有铁芯的线圈的自感系数比无铁芯的大得多。

在 SI 中，自感系数的单位是亨利，简称亨，用符号 H 表示。一个线圈，如果通过它的电流强度在 1s 内变化 1A，产生的电动势是 1V，那么这个线圈的自感系数就是 1H。所以

$$1H = 1V \cdot s/A$$

自感系数有时也用毫亨（mH）和微亨（μH）作单位，它们之间的换算关系如下。

$$1mH=10^{-3}H$$
$$1\mu H=10^{-6}H$$

与式（11-1）的情况一样，在用式（11-4）计算 E_L 的大小时，ΔI 可用其绝对值。

三、自感现象的应用

自感现象在各种电器设备和无线电技术中的应用十分广泛。日光灯的镇流器就是一个例子。

日光灯的线路图如图 11-16 所示，它由灯管、镇流器和启动器组成。镇流器是一个带铁芯的线圈。启动器的构造如图 11-17 所示，它有两个电极，一个是静触片，一个是双金属片制成的 U 形动触片，泡内充氖气。灯管内充有水银蒸气，当它导电时，就发出紫外线，使管壁上的荧光粉发光。由于激发水银蒸气导电所需要的电压较高，因此，日光灯需要一个瞬时高电压以利于点燃。

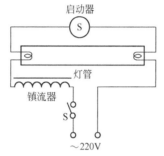

图 11-16　日光灯的线路图　　　　图 11-17　启动器的构造

当开关 S 闭合后，电源电压加在启动器的两极之间，使氖气放电从而产生热量，使 U 形动触片与静触片接触而接通电路，灯管的灯丝中就有电流通过。电路接通后，启动器的氖气停止放电，U 形动触片冷却收缩，使电路突然中断，而使镇流器中产生一个瞬时高电压，将灯管点燃，日光灯开始发光。此后，由于通过镇流器的是交流电，线圈中就产生自感电动势来阻碍电流的变化，这时，自感电动势又起着降压限流作用，保证日光灯正常工作。

自感现象也有不利的一面。在切断自感系数很大而电流很强的电路时，会产生很高的自感电动势，使开关（闸刀）和固定夹片之间形成电弧，会烧坏开关，甚至危及工作人员的安全。因此在开关上要加防护罩或将它放在绝缘性能良好的油中，以保证安全。

习题 11-5

11-5-1　制造电阻箱时要用双线绕法，如习题 11-5-1 图所示，这样就可以使自感现象的影响减弱到可以忽略的程度，为什么？

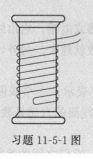

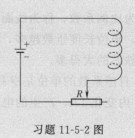

习题 11-5-1 图　　　　　　　　习题 11-5-2 图

11-5-2 线圈和变阻器串联后接入直流电源,如习题11-5-2图所示,当变阻器的滑动触头向左或向右滑动时,用楞次定律分别判定线圈中感应电动势的方向。

11-5-3 有一个线圈,它的自感系数是1.2H,当通过它的电流在0.0050s内由1.0A增加到5.0A时,产生的自感电动势是多少?

11-5-4 一个线圈的电流在0.010s内有0.50A的变化时,产生的自感电动势为50V,求线圈的自感系数。若该电路中电流的变化率变为40A/s,自感系数有无变化?自感电动势有无变化?若变化,变为多少?

相关链接

赫 兹

赫兹(1857—1894),德国物理学家,生于汉堡。早在少年时期就被光学和力学实验所吸引。由于对自然科学的爱好,二十岁转入柏林大学,在物理学教授亥姆霍兹的指导下学习并进行研究工作。1885年任卡尔斯鲁厄大学物理学教授。1889年接替克劳修斯担任波恩大学物理学教授,直到逝世。

赫兹对人类最伟大的贡献是用实验证实了电磁波的存在。他不仅证实了麦克斯韦的电磁理论,更为无线电、电视和雷达的发展找到了途径。赫兹的发现具有划时代的意义,为了纪念他的不朽功绩,人们用他的名字来命名频率的单位,称为赫〔兹〕。

赫兹还研究了紫外光对火花放电的影响,发现了光电效应,即在光的照射下物体会释放出电子的现象。这一发现,后来成为爱因斯坦建立光量子理论的基础。

现代家庭中的电磁污染

"电磁污染"已被确认为世界上继水质污染、大气污染、噪声污染之后的第四大污染。

随着经济的发展和物质文化生活水平的不断提高,各种家用电器——电视机、空调、电冰箱、电风扇、洗衣机、组合音响等已经相当普及。近几年来,家用电脑、家庭影院等现代高科技产品已进入千家万户,给人们生活带来诸多方便和乐趣。然而,现代科学研究发现,各种家用电器和电子设备在用电过程中会产生多种不同波长和频率的电磁波,这些电磁波充斥空间,对人体具有潜在危害。由于电磁波看不见,摸不着,令人防不胜防,因而对人类环境构成了新的威胁,被称之为"电磁污染"。

近些年来,电磁污染对人体造成的潜在危害已引起人们的重视。在现代家庭中,电磁波在为人们造福的同时,也随着"电子烟雾"的作用,直接或间接地危害人体健康。据美国权威的华盛顿技术评定处报告,家用电器和各种接线产生的电磁波对人体组织细胞有害。例如，长时间使用电热毯睡觉的女性，可使月经周期发生明显改变；孕妇若频繁使用电炉，可增加出生后小儿癌症的发病率。近10年来，关于电磁波对人体损害的报告接连不断。据美国科罗拉多州大学研究人员调查，电磁污染较严重的丹佛地区儿童死于白血病者是其他地区的两倍以上。瑞典学者托梅尼奥在研究中发现，生活在电磁污染严重地区的儿童，患神经系统肿瘤的人数大量增加。

电磁辐射的防止

不要把家用电器摆放得过于集中或经常一起使用，以免使自己暴露在超剂量辐射的危险中，特别是电视、电脑、电冰箱更不宜集中摆放在卧室里。

各种家用电器、办公设备、移动电话等都应尽量避免长时间操作。如果电视、电脑等电器需要较长时间使用时，应注意每一小时离开一次，采用眺望远方或闭上眼睛的方式，以减少眼睛的疲劳程度和所受辐射的影响。

当电器暂停使用时，最好不让它们处于待机状态，因为此时可产生较微弱的电磁场，长时间也会产生辐射积累。对各种电器的使用，应保持一定的安全距离。如眼睛离电视荧光屏的距离，一般为荧光屏宽度的5倍左右；微波炉启动后要离开一米远，孕妇和小孩应尽量远离微波炉；手机在使用时，应尽量使头部与手机天线的距离远一些，最好使用分离耳机和话筒接听电话。

居住、工作在高压线、雷达站、电视台、电磁波发射塔附近的人，佩带心脏起搏器的患者及生活在现代化电气自动化环境中的人，特别是抵抗力较弱的孕妇、儿童、老人等，有条件的应配备阻挡电磁辐射的屏蔽防护服。

电视、电脑等有显示屏的电器设备可安装电磁辐射保护屏，使用者还可佩戴防辐射眼镜。显示屏产生的辐射可能导致皮肤干燥，加速皮肤老化甚至导致皮肤癌，因此在使用后应及时洗脸。手机接通瞬间释放的电磁辐射最大，为此最好在手机响过一两秒或电话两次铃声间歇中接听电话。使用时，应注意眼睛的保护，预防手及颈背疾病。平时多食用一些胡萝卜、豆芽、西红柿、海带、卷心菜、瘦肉等富含维生素A、C和蛋白质的食物，以利于调节人体电磁场紊乱状态，加强机体抵抗电磁辐射的能力。

*第六节　电磁场　电磁波

学习目标

1. 了解电磁场理论的基本论点。
2. 掌握电磁波的概念。
3. 了解无线电波的划分及应用。

一、电磁场

1863年，英国物理学家麦克斯韦（1831—1879）在总结前人对电磁现象研究成果的基础上，建立了完整的电磁场理论。这个理论不仅全面地说明了当时已知的电磁现象，而且成功地预言了电磁波的存在。下面就简要地介绍这个理论的两个要点。

在变化的磁场中放一个闭合的电路，根据电磁感应的规律可知，电路中会有感应电流产生，如图11-18(a)所示。麦克斯韦用场的观点分析了这一现象，认为电路中之所以能产生感应电流，是因为变化的磁场在周围空间产生了一个感应电场，正是这个电场驱使导体中的自由电子做定向运动，形成了电流。**变化的磁场在周围空间产生电场**，这是麦克斯韦电磁理论的第一个基本观点。如图 11-18(b) 所示，电场的产生与是否存在着闭合电路无关。麦克斯韦进一步指出，变化的磁场产生的电场，是由磁场的变化情况决定的。均匀变化的磁场产生稳定的电场，非均匀变化的磁场产生变化的电场。

　　既然变化的磁场能够产生电场，那么变化的电场能否产生磁场呢？麦克斯韦在对电容器充、放电研究后提出，变化的电场和电流一样，它的周围也产生磁场，如图 11-19 所示。**变化的电场在周围空间产生磁场**，这是麦克斯韦电磁理论的第二个基本观点。变化的电场产生的磁场，是由电场的变化情况决定的。均匀变化的电场产生稳定的磁场，非均匀变化的电场产生变化的磁场。

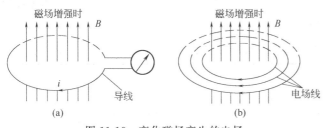

图 11-18　变化磁场产生的电场　　　　　图 11-19　变化电场产生的磁场

　　按照这一理论，如果在空间某处存在周期性变化的电场，将在周围空间产生一个周期性变化的磁场，该磁场又会在它的周围空间产生电场……这样**周期性变化的电场和磁场相互激发，形成一个不可分割的统一体，称为电磁场**。

二、电磁波

　　如果空间某处存在电磁场，它就不会局限在这个区域内，而会向周围空间传播出去。**电磁场在空间由近及远的传播，称为电磁波**。如图 11-20 所示。

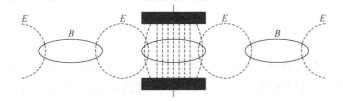

图 11-20　电磁波的形成过程

　　图 11-21 为做正弦变化的电场或磁场引起的电磁波在某一时刻的图像。可以看出，电场和磁场的方向总是相互垂直，而且它们又都与电磁波的传播方向垂直，所以电磁波是一种横波。由于电磁场的形成不需要介质，所以电磁波能在真空中传播。在这一点上，它和机械波是不同的。

　　麦克斯韦从理论上预见，电磁波的传播速度和光速相同，因此，他又提出，光也是一种电磁波。这个论断后来也得到了实验证实。

　　机械波中 $v=f\lambda$ 的关系，也适用于电磁波，对电磁波有

$$c=f\lambda$$

　　式中，f 为电磁波的频率；λ 为电磁波的波长；c 为电磁波的波速，在真空中，c 通常取 $3.0\times10^8\text{m/s}$。

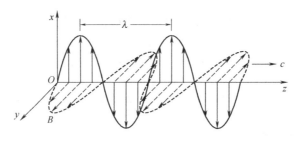

图 11-21 电磁波的波形

三、无线电波

无线电技术中应用的电磁波称为无线电波，其波长从 1mm 到 3000km 以上。根据波长的不同，通常把无线电波分成几个波段，见表 11-1。

表 11-1 无线电波的波段划分及其应用

波 段		波 长	频 率	主 要 用 途
长波		3000m 以上	低于 100kHz	远洋长距离通信、电报等
中波		200～3000m	100～1500kHz	无线电广播、航海及航空定向等
中短波		50～200m	6～1500kHz	无线电广播、电报通信等
短波		10～50m	6～30MHz	无线电广播、电报通信等
微波	米 波	1～10m	30～300MHz	广播、电视、导航等
	分米波	0.1～1m	300～3000MHz	电视、雷达、导航等
微波	厘米波	0.01～0.1m	3000～30000MHz	广播、电视、雷达、导航等
	毫米波	0.001～0.01m	30000～300000MHz	雷达、导航及其他专门用途

习题 11-6

11-6-1 麦克斯韦电磁理论的基本观点是什么？电磁波的主要特性是什么？

11-6-2 从地球发射电磁波，问经多长时间才能接收到从月球反射回来的信号？已知地球和月球的间距约为 3.84×10^5 km，光速近似为 3.00×10^8 m/s。

11-6-3 我国第一颗人造地球卫星采用 20.009MHz 和 19.995MHz 频率发送无线电信号，这两种频率的波长各是多少？（已知光速为 2.9979×10^8 m/s）

本章小结

本章主要介绍了电磁感应现象及其遵循的规律。感应电流方向的判断、感应电动势大小的计算是重点内容。

一、电磁感应现象

1. 感应电流

利用磁场产生电流的现象称为电磁感应现象，产生的电流称为感应电流。

产生感应电流的条件是穿过闭合电路的磁通量要发生变化。

2. 感应电流方向的确定

当闭合电路中磁通量变化时，感应电流的方向可用楞次定律判断：感应电流的方向，总是使它的磁场阻碍引起感应电流的磁通量的变化。

当闭合电路中的一部分导体做切割磁感应线运动时，感应电流可用右手定则判断：伸开右手，使拇指与其余四指垂直，且在同一平面，让磁感应线垂直穿入手心，大拇指指向导体运动方向，则四指所指的方向就是导体中感应电流的方向。

二、感应电动势

1. 感应电动势

在电磁感应现象中产生的电动势。

在电磁感应现象中产生的首先是电动势，若电路闭合，才会有感应电流产生。

2. 法拉第电磁感应定律

闭合电路中感应电动势的大小，与穿过该电路的磁通量的变化率成正比，即

$$E = \frac{\Delta \Phi}{\Delta t}$$

对于 N 匝线圈，有

$$E = N \frac{\Delta \Phi}{\Delta t}$$

若导线切割磁感应线产生感应电动势，其大小为

$$E = Blv\sin\theta$$

式中，θ 为导线运动方向与磁场方向的夹角。

三、互感和自感

1. 互感

一个电路中电流变化而在邻近电路中产生感应电动势的现象，称为互感现象。

变压器和感应圈都是应用互感原理制成的。

2. 自感

由于电路中电流发生变化而在电路本身产生的电磁感应现象，称为自感现象。

自感现象中产生的电动势称为自感电动势，其大小为

$$E_L = L \frac{\Delta I}{\Delta t}$$

式中，L 为线圈的自感系数。

*四、电磁场和电磁波

1. 电磁场

周期性变化的电场和磁场相互激发，形成一个不可分割的统一体，这就是电磁场。

2. 电磁波

电磁场在空间由近及远的传播，称为电磁波。电磁波的波速、频率、波长的关系如下

$$c = f\lambda$$

复习题

一、判断题

1. 穿过闭合电路的磁通量越大，产生的感应电流越大。（　　）
2. 在匀强磁场中，闭合电路只要运动，电路中就产生感应电流。（　　）
3. 导体在磁场中做切割磁感应线的运动时，导体内一定产生感应电动势。（　　）
4. 电路中感应电动势的大小，与穿过这一电路的磁通量的变化快慢有关。（　　）
5. 线圈中产生的自感电动势越大，则线圈的自感系数也越大。（　　）

二、选择题

1. 下列说法中正确的是（　　）

A. 电路中有感应电动势，就一定有感应电流

B. 电路中有感应电流，就一定有感应电动势

C. 两电路中感应电流大的，感应电动势一定大

D. 两电路中感应电动势大的，感应电流一定大

2. 闭合电路中产生的感应电动势的大小，与穿过这一闭合电路的哪个物理量成正比（　　）

A. 磁感应强度　　　　　　　　B. 磁通量

C. 磁通量的变化量　　　　　　D. 磁通量的变化率

3. 如复习题图 11-1 所示，当磁铁远离线圈时，电流表中的电流（　　）

A. 为零　　　　　　　　　　　B. 由下向上

C. 由上向下　　　　　　　　　D. 无法判断

4. 如复习题图 11-2 所示，两条光滑的金属导轨放置在同一水平面上，导体 ab、cd 可以自由滑动。当 ab 在外力作用下向右滑动时，cd 将（　　）

A. 静止不动　　　　　　　　　B. 向右移动

C. 向左移动　　　　　　　　　D. 无法判断

复习题图 11-1

复习题图 11-2

5. 关于自感和互感，下列说法中正确的是（　　）

A. 两个邻近的线圈，若其中一个电流大，另一个中的感应电动势一定大

B. 两个邻近的线圈，若其中一个电流变化大，另一个中的感应电动势一定大

C. 自感电动势的大小与线圈的匝数有关

D. 自感电动势的方向总是与引起自感电动势的原电流的方向相反

三、填空题

1. 如复习题图 11-3 所示，一矩形线圈匀速向右穿过一匀强磁场，则在位置 1、2 _____（填有、无）感生电流；在场区内_____（填有、无）感生电流。

复习题图 11-3

2. 如复习题图 11-4 所示，一条形磁铁的 N 极在插入一闭合线圈的过程中，线圈中产生的感应电流的方向为_____（填顺时针方向或逆时针方向）。

3. 如复习题图 11-5 所示，一导体棒在匀强磁场中绕 a 端转动，则_____点电势高。

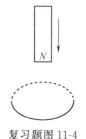

复习题图 11-4

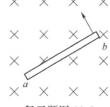

复习题图 11-5

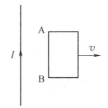

复习题图 11-6

4. 如复习题图11-6所示，当矩形线圈远离通电直导线时，线圈中的电流方向为＿＿＿＿＿＿＿（填顺时针方向或逆时针方向）。

四、计算题

1. 有一长为 0.2m、宽为 0.4m 的矩形线圈 abcd。已知磁感应强度为 0.1T，线圈在 0.01s 内从垂直于磁场的位置转过 90°，求线圈的平均感应电动势的大小。

2. 如复习题图11-7所示，金属可动边 ab 长 $l=0.10$m，磁感应强度 $B=0.50$T，$R=2.0\Omega$。当 ab 在外力作用下以 $v=10$m/s 向右匀速运动时，电路中其他电阻忽略不计，求：

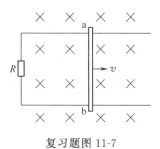

复习题图 11-7

（1）感应电动势的大小；

（2）电路中感应电流的大小和方向。

3. 一线圈的自感系数为 1.2H，其中的电流在 0.020s 内由 5.0A 减小到零，求自感电动势的大小。

自　测　题

一、判断题

1. 只有当闭合电路中的磁场发生变化时，电路中才产生感应电流。（　　）
2. 导体在磁场中运动，就一定产生感应电动势。（　　）
3. 感应电流的磁场总是阻碍引起感应电流的磁通量的变化。（　　）
4. 穿过线圈的磁通量变化时，线圈中一定能产生感应电动势。（　　）
5. 自感电动势的方向总是阻碍引起自感电动势的原电流的变化。（　　）

二、选择题

1. 自测题图11-1表示闭合电路的一段导体在磁场中的运动情况，导体中能产生感应电流的是（　　）

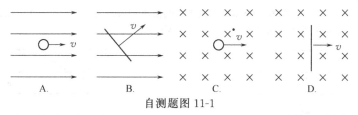

自测题图 11-1

2. 如自测题图11-2所示，当磁铁向右运动时，电阻 R 中的电流的方向（　　）

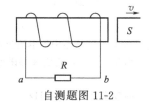

自测题图 11-2

A. 为零　　　　　　B. 由 *a* 点到 *b* 点　　　　C. 由 *b* 点到 *a* 点　　　　D. 无法判断

3. 如自测题图 11-3 所示，导体 *ab* 在磁场中可沿平行的金属导轨左右滑动，能产生如图所示的感应电流的原因是（　　）

A. *ab* 向左滑动　　　　　　　　　　B. *ab* 向右滑动

C. *ab* 不动，磁场减弱　　　　　　　D. 都不正确

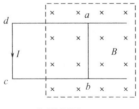

自测题图 11-3

4. 自测题图 11-4 为冶炼金属的高频感应炉的示意图，该炉的加热原理是（　　）

A. 利用线圈中电流产生的焦耳热

B. 利用红外线

C. 利用交变电流的交变磁场在炉内金属中产生的涡流

D. 利用交变电流的交变磁场所激发的电磁波

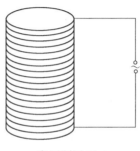

自测题图 11-4

*5. 关于电磁波的下列说法中，正确的是（　　）

A. 真空中的波速小于光速

B. 真空中的波速大于光速

C. 真空中的波速与波的频率无关

D. 电磁波是纵波

三、填空题

1. 已知导线长为 10cm，速度为 20m/s，匀强磁场的磁感应强度为 4.0×10^{-2}T，在自测题图 11-5 所示的两种情况下，感应电动势的大小分别是（1）_____ V；（2）_____ V。

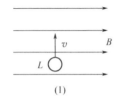　　　　　　　　　　　　　　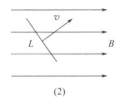

(1)　　　　　　　　　　　　　　　　　　(2)

自测题图 11-5

2. 感应圈是利用_____原理制成的。

3. 如自测题图 11-6 所示，开关 S 断开的瞬间，灯泡中的电流方向_____。

*4. 电磁波中的电场和磁场的方向总是相互_____，它们又都跟电磁波的传播方向_____，所以电磁波是_____。

*5. 无线电波的波长是 3.0×10^3 m，它的频率是_____ kHz。

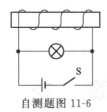

自测题图 11-6

四、计算题

1. 有一面积为 $0.002m^2$ 的矩形线圈放在磁感应强度为 0.1T 的匀强磁场中，线圈的匝数为 1000 匝。线圈在 0.02s 内从垂直于磁场的位置转到平行于磁场的位置，求这个过程中感应电动势的平均值。

2. 如自测题图 11-7 所示，一个闭合金属线框的两边接有电阻 R_1 和 R_2，$R_1 = 3\Omega$，$R_2 = 6\Omega$，框上垂直放置一根金属棒 ab，它的长度 $l = 0.2m$，棒与框接触良好，并用外力使 ab 棒以 $v = 5m/s$ 的速度匀速向右移动，整个装置放在磁感应强度 $B = 0.2T$ 的匀强磁场中。求：

（1）ab 棒产生的感应电动势的大小；

（2）ab 棒中感应电流的大小和方向；

（3）ab 棒受的外力的大小。

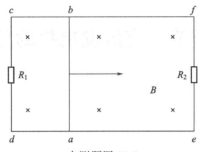

自测题图 11-7

第十二章 交 流 电

前面已经介绍过大小和方向都不随时间变化的电流,这种电流称为稳恒电流,简称为**直流电**。除此之外,还有一种大小和方向都随时间作周期性变化的电流,叫做交变电流,简称为**交流电**。交流电和直流电相比有许多优点,它可用变压器升降电压以便于传输,可驱动结构简单、运行可靠的感应电机,因此在工农业生产和日常生活中被广泛使用。

本章主要研究交流发电机的工作原理,表征交流电的物理量以及变压器的工作原理和应用。

第一节 交流发电机的原理

学习目标

1. 了解交流电的产生。
2. 理解交流电的特点。

一、交流电的产生

图 12-1 所示的是一个旋转电枢式交流发电机的模型,它由定子和转子两部分组成。静止部分称为定子,是用来产生匀强磁场的;运动部分称为转子,由线圈 abcd 和滑环组成。当线圈在匀强磁场中匀速转动时,可以观察到电流表的指针随线圈的转动而摆动,且线圈每转一周,指针左右摆动一次。这说明转动的线圈中产生了大小和方向都随时间作周期性变化的感应电流。

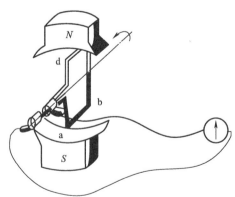

图 12-1 旋转电枢式交流发电机模型

下面分析变化的电流是如何产生的。如图 12-1 所示,线圈 abcd 在磁场中转动时,它的 ab、cd 两边做切割磁感应线运动,磁圈中就会产生感应电动势,因为回路是闭合的,所以有感应电流产生。

如图 12-2 所示，设线圈从图 12-2(a) 位置开始，沿逆时针方向转动。此时线圈的各边都不切割磁感应线，所以回路里没有感应电流。

线圈由图 12-2(a) 位置转到图 12-2(b) 位置的过程中，ab 边向右切割磁感应线，cd 边向左切割磁感应线，所以线圈中产生了感应电流。由右手定则可知，电流是沿着 a→b→c→d 方向流动的。当线圈转到图 12-2(b) 位置时，ab 边和 cd 边都垂直切割磁感应线，线圈中产生的感应电动势最大，因而感应电流最大。

线圈由图 12-2(b) 位置转到图 12-2(c) 位置的过程中，ab 边继续向右切割磁感应线，cd 边向左切割磁感应线，所以线圈中产生的感应电流仍然沿着 a→b→c→d 方向流动。当线圈转到图 12-2(c) 位置时，线圈的各边都不切割磁感应线，所以回路里没有感应电流。

线圈由图 12-2(c) 位置转到图 12-2(d) 位置的过程中，ab 边变为向左切割磁感应线，cd 边向右切割磁感应线，所以线圈中又产生了感应电流。由右手定则可知，电流是沿着 d→c→b→a 方向流动的，与前面所述的电流方向相反。当线圈转到图 12-2(d) 位置时，ab 边和 cd 边又都垂直切割磁感应线，线圈中产生的感应电流反向最大。

线圈由图 12-2(d) 位置转到图 12-2(e) 位置的过程中，ab 边仍然向左切割磁感应线，cd 边向右切割磁感应线，所以线圈中感应电流的方向不变，仍沿着 d→c→b→a 方向流动。当线圈转到图 12-2(e) 位置时，线圈的各边都不切割磁感应线，所以回路里没有感应电流。

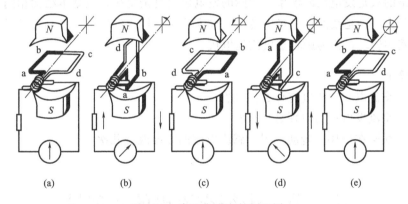

(a)　　　(b)　　　(c)　　　(d)　　　(e)

图 12-2　产生交流电的原理图

线圈继续转动下去，回路里电流的大小和方向就重复着上述的变化。

在图 12-2(b) 和 (d) 位置时，感应电流有最大值。在图 12-2(a)、(c) 和 (e) 位置时，感应电流为零，把这样的位置叫做中性面。从以上分析可知，线圈平面每经过中性面一次，感应电流的方向就改变一次。因此线圈转动一圈，感应电流的方向改变两次。这种**大小和方向都随时间作周期性变化的电流**叫做**交变电流**，简称为**交流电或交流**。

二、交流发电机

交流发电机就是根据上述原理制成的。如图 12-3 所示，在线圈的转动轴上安装两个铜滑环，两个滑环彼此绝缘，和转动轴也都相互绝缘。把线圈两个头分别焊接在两个滑环上，两个滑环分别和金属电极接触，这两个电极叫做电刷。电刷上有接线柱 a′、d′ 连着外电路，这样线圈产生的感应电流就可以经过滑环和电刷送到外电路中去，供用电器使用。这种能产生交流电的发电机叫做**交流发电机**。图 12-3 中，只有一个线圈在磁场里转动，电路里只产生一个交变电动势，这样的发电机叫做单相交流发电机。如果在磁场里有三个互成 120° 的线圈同时转动，电路里就产生三个交变电动势，这样的发电机叫做三相交流发电机，它发出的电流叫**三相交流电**。

图 12-4 是三相交流发电机的示意图。在铁芯上固定着三个相同的线圈 AX、BY、CZ，始端是 A、B、C，末端是 X、Y、Z，线圈平面互成 120°角。匀速转动铁芯，三个线圈就在磁场里匀速转动。这三个线圈是相同的，它们产生的三个交变电动势也是相同的，但它们不

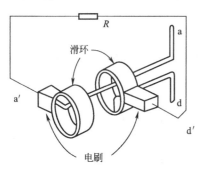

图 12-3　单相交流发电机的示意图

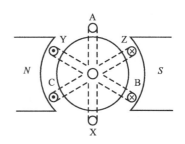

图 12-4　三相交流发电机的示意图

能同时为零或同时达到最大值。由于三个线圈的平面依次相差 120°，它们到达零值（即通过中性面）和最大值的时间，依次落后 1/3 周期。

上述介绍的只是发电机的模型，实际的发电机要复杂得多，但基本结构相同。交流发电机通常有两种：一种是线圈在磁场中转动，称为旋转电枢式发电机；另一种是磁铁（多为电磁铁）在线圈中转动，称为旋转磁极式发电机。

习题 12-1

12-1-1　交流电和直流电有什么区别？

12-1-2　交流发电机的原理是什么？

12-1-3　线圈在磁场中转动一周，感应电流的方向改变几次？

第二节　表征交流电的物理量

学习目标

1. 理解交流电的变化规律。

2. 掌握交流电的最大值、有效值、周期、频率的物理意义。

一、交流电的变化规律

为了便于对交流电作定量研究，现将图 12-1 改画成图 12-5。图中标 a 的小圆圈表示线圈 ab 边的横截面，标 d 的小圆圈表示 cd 边的横截面。设线圈平面从中性面开始匀速转动，角速度为 ω。经过时间 t，线圈转过的角度 $\theta = \omega t$，ab 边的线速度 v 的方向与磁感应线的夹角也等于 ωt。设 ab＝cd＝l，磁感应强度为 B，ab 边产生的感应电动势就是

$$e = Blv\sin\omega t$$

由于 cd 中的感应电动势与 ab 中的相同，且两者是串联的，所以这一瞬间整个线圈中的

感应电动势大小为

$$e = 2Blv\sin\omega t$$

如果有 N 匝线圈，则有

$$e = 2NBlv\sin\omega t$$

令 $E_m = 2NBlv$，则有

$$e = E_m\sin\omega t \qquad (12\text{-}1)$$

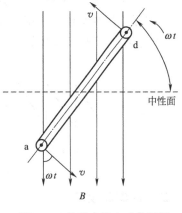

图 12-5　推导交流电动势用图

上式反映了在匀强磁场中匀速转动的线圈产生的感应电动势随时间变化的规律。将式(12-1) 称为感应电动势的瞬时值表达式，式中 E_m 是感应电动势的最大值。

　　如果线圈回路是闭合的，则可根据欧姆定律求出线圈里的感应电流的瞬时值。若回路的总电阻为 R，则电流的瞬时值为

$$i = \frac{e}{R} = \frac{E_m}{R}\sin\omega t$$

上式中，$\dfrac{E_m}{R}$ 为电流的最大值，用 I_m 表示，即有

$$i = I_m\sin\omega t \qquad (12\text{-}2)$$

可见，感应电流也是按正弦规律变化的。将式(12-2) 称为感应电流的瞬时值表达式。此时，电路中某一电阻 R' 两端的电压的瞬时值为

$$u = iR' = I_m R'\sin\omega t$$

上式中，$I_m R'$ 为电压的最大值，用 U_m 表示，即有

$$u = U_m\sin\omega t \qquad (12\text{-}3)$$

将式(12-3) 称为电压的瞬时值表达式。可见，电压也是按正弦规律变化的。

　　这种按正弦规律变化的交流电叫做**正弦交流电**。交流电的变化规律除了用上述瞬时值描述外，也可以用图像表示。图 12-6 是正弦交流电的电动势、电流和电压随时间变化的图像。

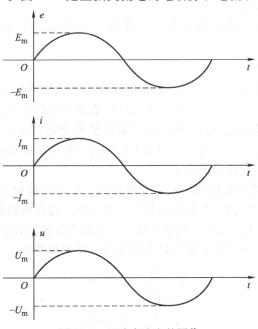

图 12-6　正弦交流电的图像

正弦交流电是交流电中最简单最基本的一种，在日常生活和生产活动中被广泛地使用着。实际应用的交流电不限于正弦交流电，它们随时间变化的规律是各种各样的。图12-7中给出了几种常见的交流电的波形。

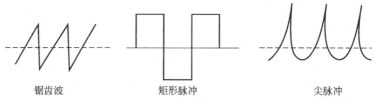

锯齿波　　　　　矩形脉冲　　　　　尖脉冲

图 12-7　几种常见的交流电波形

二、周期和频率

与其他的周期过程一样，交流电也可以用周期或频率来表示变化的快慢。**交流电完成一次周期性变化所需的时间，叫做交流电的周期**，通常用 T 表示。在 SI 中，周期的单位是秒（s）。**交流电在单位时间内完成周期性变化的次数，叫做交流电的频率**，通常用 f 表示。在 SI 中，频率的单位是赫兹（Hz），$1\,\mathrm{Hz}=1\,\mathrm{s}^{-1}$。根据定义，周期和频率的关系是

$$T=\frac{1}{f} \tag{12-4}$$

在电动势、电流、电压的瞬时值表达式中，ω 是发电机线圈转动的角速度，对交流电来说，称为**角频率**。在 SI 中，角频率的单位为弧度/秒（rad/s）。ω 与 T 或 f 的关系为

$$\omega=\frac{2\pi}{T}=2\pi f \tag{12-5}$$

交流电的周期可以根据角频率 ω 求出，即

$$T=\frac{2\pi}{\omega} \tag{12-6}$$

或直接从交流电图像上读出。

我国工农业生产和生活用的交流电，称为工频交流电，它的周期是 0.02s，频率是 50Hz。

三、最大值和有效值

交流电的最大值（E_{m}、I_{m}、U_{m}）是交流电在一个周期内所能达到的最大数值，可以用来表示交流电的电流强弱或电压高低，在实际中有着重要的意义。例如把电容器接在交流电路中，就需要知道交流电压的最大值。电容器所能承受的电压要高于交流电压的最大值，否则电容器就可能被击穿。但是交流电的最大值不适合用来表示交流产生的效果。在实际应用中通常用有效值来表示交流电的大小。

交流电的有效值是根据电流的热效应来规定的。让交流电和直流电通过相同阻值的电阻，如果它们在相同的时间内产生的热量相等，就把这一直流电的数值叫做这一交流电的有效值。通常用 E、I、U 表示交流电的电动势、电流和电压的有效值。

计算表明，正弦交流电的有效值与最大值之间有如下的关系

$$E=\frac{E_{\mathrm{m}}}{\sqrt{2}}=0.707E_{\mathrm{m}} \tag{12-7}$$

$$I=\frac{I_{\mathrm{m}}}{\sqrt{2}}=0.707I_{\mathrm{m}} \tag{12-8}$$

$$U = \frac{U_m}{\sqrt{2}} = 0.707 U_m \tag{12-9}$$

人们通常说家用电路的电压是 220V、动力供电线路的电压是 380V，指的都是电压的有效值。各种使用交流电的电器设备上所标的额定电压和额定电流的数值、一般交流电流表和交流电压表测量的数值，也都是有效值。

【例题】 已知正弦电动势 $e = 220\sqrt{2}\sin 100\pi t\,\mathrm{V}$，求

（1）电动势的最大值、有效值；

（2）交流电的周期和频率。

已知 $e = 220\sqrt{2}\sin 100\pi t$。

求 E_m，E，f，T。

解 将 $e = 220\sqrt{2}\sin 100\pi t$ 与 $e = E_m\sin\omega t$ 比较得

$$E_m = 220\sqrt{2}\ (\mathrm{V})$$

$$\omega = 100\pi\ (\mathrm{rad/s})$$

由 $E = \dfrac{E_m}{\sqrt{2}}$ 和 $T = \dfrac{2\pi}{\omega}$ 知

$$E = \frac{220\sqrt{2}}{\sqrt{2}} = 220\ (\mathrm{V})$$

$$T = \frac{2\pi}{100\pi} = 0.02\ (\mathrm{s})$$

由 $T = \dfrac{1}{f}$ 知

$$f = \frac{1}{T} = \frac{1}{0.02} = 50\ (\mathrm{Hz})$$

答：电动势的最大值为 $220\sqrt{2}\,\mathrm{V}$，有效值为 220V；交流电的周期为 0.02s，频率为 50Hz。

习题 12-2

12-2-1 某用电器两端允许加的最大电压是 100V，能否把它接在交流电压是 100V 的电路里？为什么？

12-2-2 有一正弦交流电，电流的有效值为 2A，它的最大值是多少？

12-2-3 习题 12-2-3 图是一个正弦交流电的电流图像。根据图像求出它的周期、频率、电流的最大值和有效值。

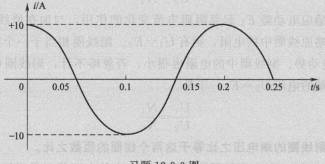

习题 12-2-3 图

第三节　变　压　器

学习目标

1. 理解变压器的工作原理。
2. 掌握理想变压器的电压、电流与匝数的关系。
3. 了解自耦变压器和调压变压器的特点。

在实际应用中，常常需要改变交流电的电压。如在电力传输过程中，若采用低压传输，传输线路就会消耗许多电能，若使用高压（通常电压高达几十万伏）传输，就能大大降低消耗。在使用过程中，各种用电设备所需电压也各不相同。为满足不同的要求，就需要有改变电压的设备——变压器。

一、变压器的原理

图 12-8 是变压器的示意图。变压器由铁芯和绕在铁芯上的两个线圈组成。铁芯由涂有绝缘漆

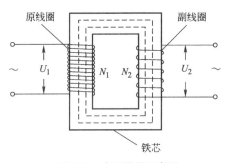

图 12-8　变压器的示意图

的硅钢片叠合而成，线圈用绝缘导线绕制而成。和电源相连的一个线圈，称为**原线圈**或**初级线圈**；与负载相连的另一个线圈，称为**副线圈**或**次级线圈**。

在原线圈上加交变电压 U_1，原线圈中就有交变电流，该电流产生一个变化的磁场。由于有铁芯的存在，磁场几乎完全被封闭在铁芯中，只有很小一部分漏到铁芯之外。若忽略漏磁现象，则穿过原、副线圈中的磁通量相同，即 $\Phi_1 = \Phi_2 = \Phi$。设原线圈的匝数为 N_1，副线圈的匝数为 N_2，穿过铁芯的磁通量为 Φ，由法拉第电磁感应定律，可得原、副线圈中的感应电动势分别为

$$E_1 = N_1 \frac{\Delta \Phi}{\Delta t}$$

$$E_2 = N_2 \frac{\Delta \Phi}{\Delta t}$$

两式相比可得

$$\frac{E_1}{E_2} = \frac{N_1}{N_2}$$

在原线圈中，感应电动势 E_1 起着阻碍电流变化的作用，与加在原线圈两端的电压 U_1 的作用相反。若忽略原线圈中的电阻，则有 $U_1 = E_1$。副线圈相当于一个电源，感应电动势 E_2 相当于电源的电动势。副线圈中的电阻也很小，若忽略不计，副线圈可以相当于无内阻的电源，因而其两端的电压 $U_2 = E_2$，于是

$$\frac{U_1}{U_2} = \frac{N_1}{N_2} \tag{12-10}$$

即**理想变压器原、副线圈的端电压之比等于这两个线圈的匝数之比。**

当 $N_1 > N_2$ 时，$U_1 > U_2$，变压器使电压降低，这种变压器叫做降压变压器；$N_1 < N_2$

时，$U_1 < U_2$，变压器使电压升高，这种变压器叫做升压变压器。

变压器工作时，输入的功率一部分从副线圈中输出，一部分消耗在线圈电阻及铁芯的热损耗上。但消耗的功率一般都较小，在百分之几左右，特别是大型变压器的效率可达97%～99%。所以一般的变压器可以近似地认为是理想的，其输入功率和输出功率相等，即

$$I_1 U_1 = I_2 U_2$$

将电压和匝数的关系式代入上式，可得

$$\frac{I_1}{I_2} = \frac{N_2}{N_1} \qquad (12\text{-}11)$$

可见，**理想变压器工作时，原、副线圈中的电流之比等于这两个线圈的匝数的反比**。通常变压器的高压线圈匝数多而通过的电流小，可用较细的导线绕制；低压线圈匝数少而通过的电流大，可用较粗的导线绕制。

二、自耦变压器

图 12-9 为自耦变压器的示意图。这种变压器的特点是铁芯上只绕一个线圈。如果整个线圈作为原线圈，副线圈只取线圈的一部分，就可以降压，如图 12-9(a) 所示；如果将线圈的一部分作原线圈，整个线圈作为副线圈，就可以升压，如图 12-9(b) 所示。

三、调压变压器

图 12-10 是调压变压器的示意图。线圈 AB 绕在一个圆环形的铁芯上，AB 之间加上电压 U_1，P 为一滑动触头，P 沿线圈滑动可改变副线圈的匝数，从而平滑地调节输出电压 U_2。U_2 的调节在 0 和 U_1 之间。由于这种调压器在调节过程中，滑动触点会出现火花，故只限于在容量为几十千伏安、电压几百伏的场合使用。

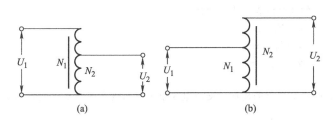

图 12-9　自耦变压器的示意图

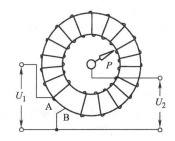

图 12-10　调压变压器的示意图

习题 12-3

12-3-1　变压器改变的是什么电压？能否利用变压器改变直流电压？

12-3-2　一个变压器的原线圈是 800 匝，将它接到 220 V 的交流电路中，若要从副线圈中获得 55 V 的电压，问副线圈需要绕多少匝？

12-3-3　降压变压器的原线圈和副线圈中，哪个应该用较粗的导线绕制？升压变压器中又是如何的？

相关链接

安 全 电 压

为了保证人身安全，各国及各专业组织对安全电压有不同的规定。我国规定工频交流电

压有效值 50V 以下或直流 36V 以下为安全电压。如果在金属架或潮湿的场所工作，那么安全电压等级还要降低。

为了使安全电压的设备能够和电源设备相互配套，我国对工频安全电压规定了以下几个等级，即 42V、36V、24V、12V、6V 五个等级。

对于不同等级的工频安全电压，推荐分别用于以下场合：

42V：用于手持式电动工具。

36V、24V：用于一般场所的安全灯或手提灯。

12V：用于特别潮湿场所及在金属容器内使用的照明灯。

6V：用于水下工作的照明灯。

在使用工频安全电压时，一般需要配用变压器，使取自低压电网上的电压，降至所需的安全电压值。

本章小结

本章主要介绍交流电的产生、特点，表征交流电的物理量。通过本章学习，要求了解交流电的产生原理，掌握正弦交流电的周期和频率的概念，以及有效值和最大值的关系，了解变压器的工作原理和应用。

一、交流电

大小和方向都随时间作周期性变化的电流叫交变电流，简称交流电。

1. 交流电的变化规律

对正弦交流电而言，电动势、电流和电压的瞬时值表达式分别为

$$e = E_m \sin\omega t$$
$$i = I_m \sin\omega t$$
$$u = U_m \sin\omega t$$

2. 交流电的周期和频率

交流电完成一次周期性变化所需时间，叫做交流电的周期。交流电在单位时间内完成周期性变化的次数叫做交流电的频率。

周期和频率的关系是

$$T = \frac{1}{f}$$

3. 最大值和有效值

交流电在一个周期内所能达到的最大数值，叫交流电的最大值。在瞬时值表达式中的 E_m、I_m 和 U_m 分别叫电动势、电流和电压的最大值。

让交流电和直流电通过相同阻值的电阻，如果它们在相同的时间内产生的热量相等，就把这一直流电的数值叫做这一交流电的有效值。

计算表明，正弦交流电的有效值与最大值之间有如下的关系

$$E = \frac{E_m}{\sqrt{2}} = 0.707 E_m$$

$$I = \frac{I_m}{\sqrt{2}} = 0.707 I_m$$

$$U = \frac{U_m}{\sqrt{2}} = 0.707 U_m$$

二、变压器

对理想的变压器而言，原线圈和副线圈的匝数与电压、电流的关系为

$$\frac{U_1}{U_2} = \frac{N_1}{N_2}$$

$$\frac{I_1}{I_2} = \frac{N_2}{N_1}$$

复 习 题

一、判断题

1. 产生交流电的条件是线圈中的磁通量要发生周期性变化。（　　）
2. 线圈转到中性面时，感应电动势为零。（　　）
3. 通常照明电路电压 220V，指的是交流电压的最大值。（　　）
4. 变压器能改变直流电压。（　　）
5. 理想变压器工作时，原、副线圈的端电压之比等于两线圈的匝数比。（　　）

二、选择题

1. 交流电流的表达式为 $i = 3\sin 314t\,\text{A}$，下面说法正确的是（　　）
   A. 有效值是 3A，频率是 50Hz
   B. 最大值是 3A，频率是 50Hz
   C. 有效值是 3A，频率是 314Hz
   D. 最大值是 3A，频率是 314Hz
2. 一个电热器接在 10V 电源上，产生一定的电功率；当接在最大值是 20V 的正弦交流电源上时，该电热器产生的电功率是原来的（　　）
   A. 4 倍　　B. 2 倍　　C. 1 倍　　D. 0.5 倍
3. 一个变压器原线圈 110 匝，副线圈 660 匝，原线圈接入电压 12V 的电池组后，副线圈的端电压为（　　）
   A. 72V　　B. 36V　　C. 4V　　D. 0V

三、填空题

1. 频率为 50Hz 的交流电的周期为_____，角频率为_____。
2. 对一理想的升压变压器而言，输出电压_____输入电压，输出电流_____输入电流。
3. 某一电路中电压的瞬时值为 $u = 220\sqrt{2}\,\sin 100\pi t\,\text{V}$，则其电压的最大值为_____，有效值为_____，交流电的频率为_____，交流电的周期为_____。

四、计算题

1. 一正弦交流电的频率为 50Hz，电流的有效值为 10A，在 $t = 0$ 时电流的瞬时值为 0。试写出电流的瞬时值表达式。
2. 在有效值为 220V 的交流电路中，接入 50Ω 的电阻，则电流的有效值和最大值各为多少？这时电阻消耗的功率是多少？
3. 一个理想变压器，原线圈的输入电压为 220V，副线圈的输出电压为 22V，原、副线圈的匝数比为多少？若在副线圈中接入一个 2Ω 的电阻，原、副线圈中的电流分别为多少？

自 测 题

一、判断题

1. 交流发电机是根据电磁感应原理制成的。（　　）
2. 正弦交流电的最大值等于有效值的 $\sqrt{2}$ 倍。（　　）
3. 在交流电路中，电流表测量的是电流的最大值。（　　）
4. 对理想变压器，穿过原、副线圈的磁通量的变化率相等。（　　）
5. 理想变压器的输入功率大于输出功率。（　　）

二、选择题

1. 一个矩形线圈，在匀强磁场中绕一个固定轴做匀速转动，当线圈处于如自测题图 12-1 所示位置时，此线圈的（　　）
  A. 磁通量最大，磁通量变化率最大，感应电动势最小
  B. 磁通量最大，磁通量变化率最大，感应电动势最大
  C. 磁通量最小，磁通量变化率最大，感应电动势最大
  D. 磁通量最小，磁通量变化率最小，感应电动势最小

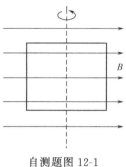

自测题图 12-1

2. 有一台使用交流电的电冰箱上标有额定电压为"220V"的字样，这"220V"是指交流电压的（　　）
  A. 最大值　　　　　B. 有效值　　　　　C. 平均值　　　　　D. 瞬时值

3. 一个电阻接在 10V 的直流电源上，它的电功率为 P，当它接到电压为 $u=10\sin100\pi t$ V 的交变电源上时，它的电功率是（　　）
  A. $0.25P$　　　　　B. $0.5P$　　　　　C. P　　　　　D. $2P$

4. 在一台正常工作的理想变压器的原、副线圈中，下列物理量不一定相等的是（　　）
  A. 电流的有效值　　　　　　　　　B. 交变电流的频率
  C. 电功率　　　　　　　　　　　　D. 磁通量的变化率

5. 一理想变压器原线圈 1400 匝，副线圈 700 匝，并在副线圈中接有电阻 R，当变压器工作时，原、副线圈中（　　）
  A. 电流频率之比为 2∶1　　　　　　B. 功率之比为 2∶1
  C. 电流之比为 2∶1　　　　　　　　D. 电压之比为 2∶1

三、填空题

1. 某一正弦交流电流的图像如自测题图 12-2 所示，它的电流的最大值为_____A，电流的有效值为_____A，交流电的周期为_____s，频率为_____Hz，交流电流的瞬时值表达式为 $i=$_____A。

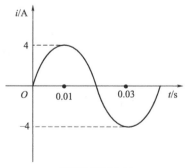

自测题图 12-2

2. 瞬时值为 $u=50\sqrt{2}\sin100\pi t$ V 的交流电压，加在阻值为 $R=10\Omega$ 的电阻上，则流过电阻的电流的有效值是_____A，交流电的频率是_____Hz。

3. 利用变压器将 220V 的交流电变为 55V，如果原线圈绕 2200 匝，则副线圈应绕_____匝。

四、计算题

1. 加在电路两端的交流电压是 $u=U_m\sin100\pi t V$，在 $t=0.005$s 时电压的瞬时值为 10V，则接在电路两端的电压表的示数为多少？

2. 某车间利用变压器对 40 盏"36V 40W"的电灯供电。设变压器的原线圈为 1320 匝，接在 220V 的供电线路上，问副线圈应为多少匝，才能使 40 盏灯正常发光？此时，原、副线圈中的电流各为多少？

*第十三章　光现象及其应用

光现象和人的生活息息相关。光对人类非常重要，我们能够看到外部世界丰富多彩的景象，就是因为眼睛接收到了光，光与人类生活和社会实践有密切联系。据统计，人类由感觉器官接收到的信息中，有90%以上是通过眼睛得来的。

本章主要学习光的反射定律和折射定律，光的全反射及其应用，光的色散，激光的特性及其应用。

第一节　光的反射和折射

学习目标

1. 了解光路可逆原理。
2. 掌握光的反射定律和折射定律。
3. 掌握折射率的概念。

一、光的直线传播

宇宙间的物体有的是发光的，有的是不发光的。我们把自行发光的物体叫**光源**。如太阳、电灯、蜡烛等都是光源。光具有能量。光射到人眼里，可以使人眼产生视觉反应。一束光线通过一小孔，小孔后放置的光屏上可以看到形状相同的亮斑。可见，光是沿直线传播的，即**光在同一种均匀介质是沿着直线传播的**。

在不同的介质里，光的传播速度一般是不同的。光在真空中的传播速度最快，传播速度为

$$c = 3.00 \times 10^8 \text{ m/s} \tag{13-1}$$

我们研究光的传播情况时，可以用一条表示光束传播方向的直线来表示这束光，这样的直线就叫**光线**，画图时必须给光线标上箭头，以表示它的传播方向。

二、光的反射定律

光的直线传播是光在同一种均匀介质里传播的情况。当光遇到另一种介质时，会发生什么现象呢？

阳光能够照亮水中的鱼和水草，同时我们也能通过水面看烈日的倒影，这说明光从空气射到水面时，一部分光射进水中，另一部分光被反射，回到空气中，如图13-1所示。一般说来，光从一种介质射到它与另一种介质的分界面时，一部分光又回到这种介质中的现象叫做**反射**；而斜着射向界面的光进入第二种介质的现象，叫做光的**折射**。

实验表明，光的反射遵循如下规律（如图13-2所示）：

① **反射光线在入射光线和法线所决定的平面内，反射光线和入射光线分居于法线的两侧。**

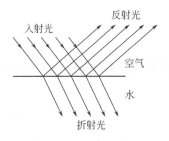

图 13-1　光入射到空气和水的分
界面上发生的现象

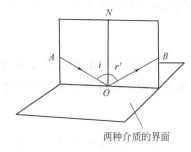

图 13-2　光的反射

② **反射角等于入射角，即 $i = r'$。**

这就是我们初中学过的光的**反射定律**。由于反射角等于入射角，所以如果使光线逆着原来的反射光线入射到两种介质的界面上，反射光线就会沿着原来的入射光线射出。这表明，在反射现象中光路是**可逆**的。

有些物体的表面，如镜面、高度抛光的金属表面、平静的水面等，它们受到平行光的照射时，反射光也是平行的，这种反射叫**镜面反射**。在镜面反射中，反射光向着一个方向，其它方向上没有反射光线。大多数物体的表面是粗糙的、不光滑的，即使受到平行光的照射，也向各个方向反射光，这种反射称为**漫反射**。借助于漫反射，我们才能从各个方向看到被照明的物体。

三、光的折射定律

如图 13-3 所示，入射光线和法线的夹角 i 叫做入射角，折射光线和法线的夹角 r 叫做折射角。

我们发现，当入射角 i 改变时，折射角 r 也随之改变，当入射角 i 增大时，折射角 r 也增大，但是入射角和折射角之间并不是简单的正比关系。光的折射现象发现得很早，但人类从积累入射角与折射角的数据到找出两者之间的定量关系，经历了一千多年的时间，直到 1621 年由荷

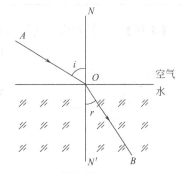

图 13-3　光的折射

兰科学家斯涅耳第一个从物理上阐明了两者的定量关系，1637 年由法国数学家笛卡尔给出了它的数学表达式。

光在折射时遵循的规律如下：

① **折射光线在入射光线和法线所决定的平面内，折射光线与入射光线分居于法线的两侧。**

② **任意给定的两种介质，入射角的正弦与折射角的正弦之比是一个常数。**

这就是光的**折射定律**，也叫**斯涅耳定律**或**笛卡尔定律**。实验发现，在光的折射现象中，光路也是可逆的。

四、折射率

折射定律告诉我们，光从一种介质射入另一种介质时，虽然入射角的正弦与折射角的正弦之比为常数，但对于不同的介质来说，这个常数是不同的。例如，光从空气射入水中，这个常数约为 1.33；光从空气射入普通的窗玻璃时，这个常数约为 1.5。可见，这个常数是一个能够反映介质的光学性质的物理量。当光从真空中射入某种介质时，我们把入射角的正弦

与折射角的正弦之比叫做这种介质的**折射率**，即

$$n = \frac{\sin i}{\sin r} \qquad (13\text{-}2)$$

光在不同介质中的传播速度不同。理论研究表明，某种介质的折射率等于光在真空中的传播速度 c 跟光在这种介质中的传播速度 v 之比，即

$$n = \frac{c}{v} \qquad (13\text{-}3)$$

由于光在真空中的传播速度大于光在任何介质中的传播速度，所以任何介质的折射率都大于 1。从式（13-2）中可以看出，光从真空射入介质时，入射角总是大于折射角。

光在真空中的传播速度跟在空气里的传播速度相差很小，可以认为光从空气进入某种介质时的折射率等于这种介质的折射率，表 13-1 列出了几种介质的折射率。

表 13-1　几种介质的折射率

介质	折射率	介质	折射率
金刚石	2.42	甘油	1.47
二硫化碳	1.63	水	1.33
玻璃	1.5～1.9	酒精	1.36
水晶	1.55	空气	1.00028

【**例题**】　一束光从空气射入水中，入射角是 40°，水中的光束和水面的夹角是多少？

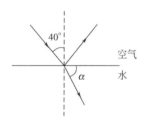

图 13-4　解例题用图

已知　$i = 40°$，$n = 1.33$

求　α

解　根据题意作图 13-4，由折射定律得

$$\sin r = \frac{\sin i}{n}$$

带入数值，得

$$\sin r = 0.483$$

查三角函数表，得

$$r = 29°$$

所以

$$\alpha = 90° - r = 61°$$

此题使我们注意到，不能把入射角（或反射角、折射角）和光束跟界面的夹角弄混。

习题 13-1

13-1-1　举例说明光在均匀介质中是沿直线传播的。

13-1-2　射水鱼在水中能准确射中水面上一定距离内（约 1m）的小昆虫。请你利用光的折射知识，分析一下水中的鱼看到小昆虫的位置是实际昆虫所在位置的上方还是下方？

13-1-3　光从空气射入水中，光在水中的折射角最大可能是多少？

13-1-4　光线以 60°的入射角从空气射入折射率为 1.5 的玻璃中，折射角是多大？光在其中的传播速度是多大？

相关链接

蒙　气　差

　　光由真空进入空气中时，传播方向只有微小的变化。虽然如此，有时仍然不能不考虑空气的折射效应。一个遥远天体的光穿过地球大气层时将会被折射。由于覆盖着地球表面的大气越接近地表越稠密，折射率也越大，所以我们可以把地球表面上的大气看作是由折射率不同的许多水平气层组成的。

　　星光从一个气层进入下一个气层时要折向法线方向。结果，我们看到的这颗星星的位置，比它的实际位置要高一些。这种效应越是接近地平线就越明显。我们看到的靠近地平线的星星的位置，要比它的实际位置高 37 分（1 分为 1/60 度），这种效应叫做蒙气差，这是天文观测中必须考虑的。

　　太阳光在大气中也要发生折射。因此，当我们看到太阳从地平线上刚刚升起时，实际看到的是它处在地平线的下方发出的光，只是由于空气的折射，才看到太阳处于地平线的上方。

第二节　光的全反射

学习目标

　　1. 理解光的全反射现象。

　　2. 掌握临界角的概念和发生全反射的条件。

　　3. 了解光导纤维的应用。

一、全反射

　　不同介质的折射率不同，我们把折射率较小的介质称为光疏介质，折射率较大的介质称为光密介质。光疏介质和光密介质是相对的。例如水、水晶和金刚石三种介质相比较，水晶对水来说是光密介质，对金刚石来说则是光疏介质。根据折射定律可知，光由光疏介质射入光密介质（例如由空气射入玻璃中）时折射角小于入射角，光由光密介质射入光疏介质（例如由玻璃射入空气中）时折射角大于入射角，如图 13-5 所示。

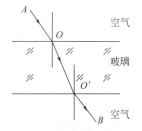

图 13-5　光发生两次折射时的光路图

　　既然光由光密介质射入光疏介质时折射角大于入射角，由此可以推测，当入射角增大到一定程度时，折射角就会十分接近 90°，折射光几乎沿着平行于界面的方向传播。如果入射角再增大，折射光就会全部消失。下面通过实验来验证一下我们的推测。

　　如图 13-6 所示，让光透过玻璃射到玻璃砖的平直的边上，可以看到一部分光通过这条边折射到空气中，另一部分光反射回玻璃砖内。逐渐增大入射角，会看到折射光离法线越来越远，而且亮度越来越弱，反射光却越来越强。当入射角增大到一定角度，使折射角达到 90°，折射光线全部消失，只剩下反射光线。如果再增大入射角，光就全部被返回到玻璃中。

  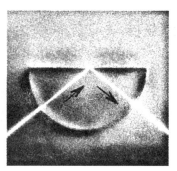

图 13-6　光的全反射

入射光线在介质分界面上被全部反射的现象，叫做光的**全反射**。

二、临界角

上面的实验中，在入射角增大的过程中，刚刚能够发生全反射时的入射角，叫做全反射的**临界角**，这时的折射角等于 $90°$。

由以上讨论可知，发生全反射必须具备两个条件：

① 光从光密介质射入光疏介质。

② 入射角大于或等于临界角。

怎样求出光从折射率为 n 的某种介质进入真空（或空气）时的临界角 C 呢？

如图 13-7(a) 所示，光从真空中以入射角 i 射到折射率为 n 的介质的界面上时，折射角为 r，根据折射定律可得

$$n = \frac{\sin i}{\sin r}$$

根据光路可逆的道理，如果光线在介质中逆着折射光线射向界面，光线在真空中就会逆着原来的入射光线射出，如图 13-7(b) 所示，这时 r 和 i 就分别表示入射角和折射角了。如果让入射角恰好等于临界角，则折射角就为 $90°$，如图 13-7(c) 所示。

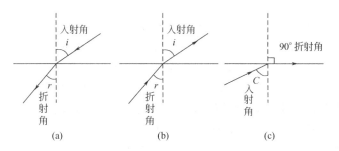

图 13-7　求临界角用图

由折射定律得

$$n = \frac{\sin 90°}{\sin C}$$

考虑到 $\sin 90° = 1$，有

$$\sin C = \frac{1}{n} \tag{13-4}$$

从折射率表中查出介质的折射率，就可以利用上式求出光从这种介质射到真空（或空

气）时的临界角。例如，相对于空气，水的临界角为 48.7°，各种玻璃的临界角为 32°～42°，金刚石的临界角为 24.5°，二硫化碳的临界角为 38°。

【例题】　光由折射率为 1.55 的水晶射入空气时的临界角是多大？

已知 $n=1.55$

求 C

解　由 $\sin C=\dfrac{1}{n}$ 得

$$\sin C=\frac{1}{1.55}=0.6452$$

查反正弦函数表可得

$$C=40.2°$$

全反射现象是自然界里常见的现象。例如，水中或玻璃中的气泡看起来特别明亮，就是因为光线从水或玻璃射向气泡时，一部分光在气泡的外表面发生了全反射的缘故。美丽的宝石光彩夺目、草叶上的露珠晶莹明亮，这些也是全反射起的作用。

三、光导纤维

光导纤维简称为光纤，我们说的光纤通信就是利用了光的全反射知识。

光纤是非常细的玻璃丝，直径在几微米到 $100\mu m$ 之间，它由内芯和外套两层材料组成，且内芯的折射率大于外套的折射率。当光传到内芯与外套的界面上时，可能发生多次全反射，如图 13-8 所示。

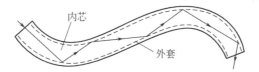

图 13-8　光在内芯和外套的界面上发生全反射

把一束玻璃纤维的两端按相同规律排列，具有不同亮暗和色彩的图像就能从一端传到另一端，如图 13-9 所示。用玻璃纤维也可以制成内窥镜，用来检查人体胃、肠、气管等内脏的内部。实际的内窥镜装有两组光纤，一组用来把光输送到人体内部，另一组用来进行观察，如图 13-10 所示。

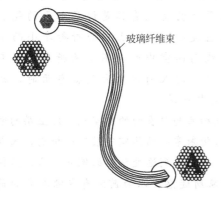

图 13-9　玻璃纤维成像

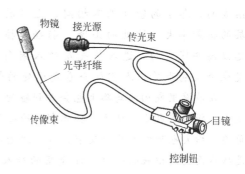

图 13-10　内窥镜

目前，光导纤维在国防、通信和自动控制等许多领域里得到日益广泛的应用。光纤通信的主要优点是容量大、衰减小、抗干扰性强。光纤通信的容量比普通电缆通信大十亿倍，一根比头发丝还细的光导纤维，可传输几万路电话或几千路电视信号。

近年来，人们已经开始着手研究用光纤传送电能的问题，这是因为用光纤传输电能相对于传统的用金属导线输电，大大降低了电网的造价，具有安全可靠、节约有色金属和延长电网使用周期等独特的优点。美国拉安里公司在光纤输电方面取得了突破性的成就，原因在于他们对光纤输电中的两个难点的突破：一是在输电的发送端，该公司用激光二极管使电能转化的问题得到解决；二是在接收端，解决了光能还原为电能的问题。当然，用光纤输电的课题目前仅仅是开始，在科技迅速发展的今天，相信光纤输电将会在不远的将来投入使用。尽管光纤通信的发展只有二十多年的历史，但是发展速度却是惊人的。一些发达国家不仅建立了跨海光缆通信网络，而且建立了纵横城市之间的光缆通信网络。我国的光纤通信起步较早，自 1972 年开始至今，已先后开通了数十条光纤通信线路，省会城市间基本建成全国性的通信网。

习题 13-2

13-2-1　全反射的条件是什么？

13-2-2　光在光疏介质里的传播速度大，还是在光密介质里的传播速度大？

13-2-3　光从折射率为 2.0 的介质中以 45° 的入射角射到介质与空气的分界面上时，能够发生全反射吗？为什么？

13-2-4　光从酒精射入空气时的临界角是多大？

相关链接

海 市 蜃 楼

在平静无风的海面上，向远方望去，有时能看到山峰、船舶、楼台、亭阁、庙宇等出现在远方的空中。古人不明白产生这种景象的原因，对其作不了科学的解释，认为是海中的蛟龙（即蜃）吐出的气结成楼阁，所以称为"海市蜃楼"，也叫"蜃景"，这种解释是错误的。其实，所谓的蜃景不过是光在密度分布不均匀的空气中传播所产生的全反射现象。

我们知道，空气密度随着温度的升高而减少，对光的折射率也随之减少。夏天，海面上空气的温度比空气中低。我们可以粗略地把海面上的空气看作是许多水平的气层组成的，各层的密度都不相同，上层的密度比下层密度小，所以上层的折射率小而下层的折射率大。远处的山峰、船舶、楼阁发出的光线射向空中时，不断被折射，越来越偏离法线方向，进入热气层的入射角不断增大。当光的入射角增大到临界角时，就发生全反射现象，人们就会看到远处的景物像悬在空中一样。

在沙漠里或柏油马路上也会看到蜃景。接近沙面或柏油马路表面的热空气层比上层的密度小，折射率也小。从远处物体射向地面的光线，进入折射率小的热空气层时被折射，入射角逐渐增大也可能发生全反射，人们逆着反射光看去，就会看到远处物体的倒立景像，仿佛是从水面反射出来的一样。沙漠里的行人常被这种景象所迷惑，以为前方有水源而奔向前去，但总是可望而不可即。

第三节　棱镜　光的色散

1. 理解棱镜改变光的传播方向的原理及应用。

2. 理解光的色散。

一、棱镜

常用的棱镜是横截面为三角形的棱镜，简称**三棱镜**。棱镜可以改变光的传播方向。如图 13-11 所示，光从玻璃棱镜的一个侧面 AB 射入，从另一个侧面 AC 射出。射出的方向跟射入的方向相比，明显地向棱镜的底面偏折，偏折的角度跟棱镜的材料的折射率有关。折射率越大，偏折的角度越大。

横截面是等腰直角三角形的棱镜叫**全反射棱镜**，如图 13-12 所示。如图 13-13(a) 所示，在玻璃内部，光线射到等腰直角三角形的底边时，入射角为 45°，而玻璃在空气中的临界角为 32°～42°，入射角大于临界角，全部光线被反射。在它的两个直角边上也能发生全反射，如图 13-13(b) 所示，自行车的尾灯就利用了这一原理。望远镜为了获得较大的放大倍数，镜筒要很长，使用全反射棱镜就能够缩短镜筒的长度，如图 13-14 所示。

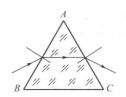

图 13-11　光通过棱镜向底面偏折

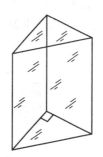

图 13-12　全反射棱镜

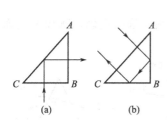

(a)　　　　(b)

图 13-13　光在全反射棱镜里的传播

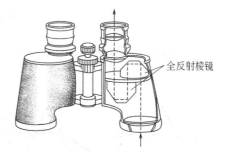

图 13-14　双筒望远镜的全反射棱镜

在光学仪器里，常用全反射棱镜来代替平面镜改变光的传播方向。用全反射棱镜控制光路，比用平面镜好，平面镜对入射光不能 100％地反射，而棱镜在全反射时，是将光全部反射的。此外，平面镜所涂的金属层，时间一久容易失去光泽，使反射减弱，而棱镜则没有这种缺点。

二、光的色散

太阳、日光灯等发出的光，没有特定的颜色，叫做白光。如图 13-15 所示，让白光通过狭缝形成窄窄的一条光束，射到棱镜上，受到偏折后照到屏上，我们预期可以看到一个跟狭缝宽窄相同的白色亮线。但是实际上却出现了许多具有不同颜色的亮线，它们互相连接，形成一条彩色亮带，这条亮带叫做**光谱**。这个现象说明了两个问题：①白光实际上是由各种单色光组成的复色光；②不同的单色光通过棱镜时的偏折程度不同，这表明棱镜材料对不同色光的折射率不同，也就是说，不同颜色的光在同一种介质中的传播速度不一样。由于实验中

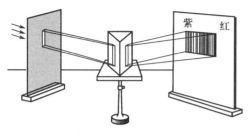

图 13-15　光的色散图

红光偏折的程度最小，紫光偏折的程度最大，所以，在同一种介质中，按照红、橙、黄、绿、蓝、靛、紫的顺序从红光到紫光，折射率一个比一个大，传播速度一个比一个小。

一般说来，复色光分解成单色光的现象，叫做光的**色散**。"五光石"经阳光照射后艳丽多彩，雨后的彩虹灿烂夺目，这都是光的色散的功劳。

习题 13-3

13-3-1　精确测定物质的折射率，用的是单色光而不是白光，你知道这是为什么吗？

13-3-2　在习题 13-3-2 图中，在方框中放上什么光学元件（平面镜、透镜、棱镜）才会使一单色光通过后产生如图所示的效果？出射光束的单箭头和双箭头分别对应于入射光束的两个边缘。

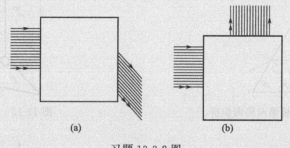

习题 13-3-2 图

13-3-3　习题 13-3-3 图是四位同学画的光的色散示意图。哪幅正确，哪幅不正确？为什么？

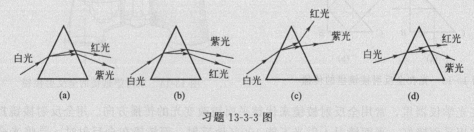

习题 13-3-3 图

13-3-4　红光和绿光以相同的入射角射入棱镜，射出棱镜时哪种光偏折的程度较大？这表明棱镜玻璃对哪种光的折射率较大？

第四节　激　　光

1. 了解激光的产生。

2. 掌握激光的特性及应用。

1960 年，人类在实验室里激发出了一种自然界中没有的光，这就是激光。五十多年来，激光已经深入到我们生活的各个角落。打长途电话，看 VCD，医院里做手术，煤矿里挖掘坑道，都用得着激光。那么激光到底是什么样的光，它为什么有这么大的用途呢？

一、激光的产生

光是从物质的原子中发射出来的。原子获得能量以后处于不稳定状态，它会以光子的形式把能量发射出去。但是，普通的光源，例如白炽灯，灯丝中每个原子在什么时刻发光，朝哪个方向发光，都是不确定的，发光的频率也不一样，这样的光在叠加时，一会儿在空间的某点相互加强，一会儿又在这点相互削弱，不能形成稳定的亮区和暗区，所以不能发生干涉，这样的光是非相干光。只有频率相同、步调协调的光才是相干光。激光就是一种人工产生的相干光。

二、激光的特性及应用

（1）相干性好　由于激光有很强的相干性，所以常用它来做光的干涉实验，由此得到的干涉条纹非常清晰。激光还能像无线电波那样进行调制，用来传递信息。光纤通信就是激光和光导纤维相结合的产物。

（2）平行度高　普通光源发出的光是发散的，所以射程较近。例如，好的手电筒在夜间只能照到几米远的地方，大型探照灯的光束在几千米之外直径也要扩展几十米。激光由于平行度高，在传播很远的距离后仍能保持一定的强度。这个特点使得它可以用来进行精确的测距。对准目标发出一个极短的激光脉冲，测得发射脉冲和收到回波的时间间隔，就可以求出目标的距离。激光测距雷达就是根据这个原理制成的。多用途的激光雷达不仅可以测量距离，而且能根据多普勒效应测出目标的运动速度，从而对目标进行跟踪。

由于平行度高，激光可以会聚到很小的一点。让这一点照射到 VCD 机、CD 唱机或计算机的光盘上，就可以读出光盘上记录的信息，经过处理后还原成声音和图像。由于会聚点很小，光盘记录信息的密度很高。

（3）亮度高　激光可以在很小的空间和很短的时间内集中很大的能量。如果把强大的激光束会聚起来照射到物体上，可以使物体的被照部分在不到千分之一秒的时间内产生几千万摄氏度的高温，最难熔化的物质在这一瞬间也要汽化了。因此，我们可以利用激光束来切割各种物质、焊接金属以及在硬质材料上打孔。医学上可以用激光作"光刀"来切开皮肤、切除肿瘤，还可以用激光"焊接"剥落的视网膜。

原子核聚变时释放的核能是一种很有希望的能源。怎样使原子核在人工控制下进行聚变反应，这是各国科学家研究的重要课题。一个可能的实现途径是，把核燃料制成小颗粒，用激光从四面八方对它进行照射，利用强激光产生的高温引起聚变。

激光的应用远不止这些，而且还在不断发展。这方面的介绍文章很多，报刊、电视、互联网中也常有最新进展的报道，同学们应该留心。

习题 13-4

13-4-1　举例说明激光的重要应用，这些实例用到了激光的哪些特性？

13-4-2　从报刊、杂志、电视、互联网中再找出一些应用实例，同学们之间相互交流。

本章小结

本章建立了光源、光线、光的直线传播等一些基本概念，主要学习了光的反射定律和折射定律、光的全反射现象及其应用、光的色散和激光的特性等内容。

一、光的直线传播

在同一种均匀介质里，光是沿着直线传播的。在不同的介质里，光的传播速度不同，光在真空中传播速度最大。

二、光的反射定律

反射光线跟入射光线和法线在同一平面上，反射光线和入射光线分别位于法线两侧，反射角等于入射角。

三、光的折射定律

折射光线跟入射光线和法线在同一平面上，折射光线和入射光线位于法线的两侧，入射角的正弦跟折射角的正弦成正比。

当光由真空（或空气）进入某种介质时，这种介质的折射率为

$$n = \frac{\sin i}{\sin r}$$

四、全反射

1. 光的全反射条件：光由光密介质进入光疏介质；入射角大于或等于临界角。

2. 临界角：折射角等于90°时的入射角。

某种介质对于真空（或空气）的临界角的计算公式为

$$\sin C = \frac{1}{n}$$

五、棱镜　光的色散

横截面是三角形的棱镜叫三棱镜，横截面是等腰直角三角形的棱镜叫全反射棱镜。棱镜可以改变光的传播方向。

复色光分解成单色光的现象，叫做光的色散。

白光经棱镜偏折后，会形成一条彩色光谱，按红、橙、黄、绿、蓝、靛、紫的顺序，偏折程度一个比一个大。

六、激光

激光是一种人工产生的相干光，它的主要特性是相干性好、平行度高、亮度高。

复 习 题

一、判断题

1. 光入射到两种介质的界面上时，会发生反射和折射现象。（　　）

2. 介质的折射率等于光从真空射入该介质时入射角正弦与折射角正弦的比值。（　　）

3. 折射率大于1的介质是光密介质。（　　）

4. 光纤通信是利用了光的折射知识。（　　）

5. 红光和绿光在真空中的传播速度不同。（　　）

二、选择题

1. 下列说法中，正确的是（　　）

A. 折射角一定比入射角小

B. 入射角扩大多少倍，折射角也同样扩大多少倍

C. 介质的折射率大，则光在其中的传播速度也大

D. 光由真空射入不同的介质，入射角一定时，折射角大，表示该介质的折射率小

2. 光在某介质中的传播速度是在空气中传播速度的2/5，则这种介质的折射率是（　　）

A. 0.4　　　　　B. 2.5　　　　　C. 5　　　　　D. 7.5

3. 下列关于全反射的说法中，正确的是（　　）

A. 光从水中进入空气时，可能发生全反射

B. 光从水中进入空气时，一定发生全反射

C. 光从空气进入水中时，可能发生全反射

D. 光从空气进入水中时，一定发生全反射

4. 光在真空中的传播速度为 c，若某种介质的临界角为 α，则该介质中光的传播速度为（　　）

A. $c/\sin\alpha$　　　B. $c \cdot \sin\alpha$　　　C. $c/\cos\alpha$　　　D. $c \cdot \cos\alpha$

5. 在白光通过棱镜发生色散的现象中，下列说法正确的是（　　）

A. 红光的偏折最大，因为红光在玻璃中的传播速度比其他色光大

B. 紫光的偏折最大，因为紫光在玻璃中的传播速度比其他色光大

C. 红光的偏折最小，因为红光在玻璃中的传播速度比其他色光大

D. 紫光的偏折最小，因为紫光在玻璃中的传播速度比其他色光大

三、填空题

1. 光在真空中的传播速度是_____ m/s。

2. 在雷雨天，我们总是先看到闪电后听到雷声，这是因为_____。

3. 光线从空气斜着射入水中时，折射角_____于入射角。

4. 光的色散实验表明，白光是_____光，白光由许多_____光组成，其中_____光折射率最小，_____光折射率最大。

5. 激光的主要特性有_____、_____、_____。

四、计算题

光由空气射入某种介质，当入射光和反射光垂直时，反射光与折射光成105°角。求：

(1) 介质的折射率；

(2) 光在介质中的传播速度；

(3) 若要发生全反射，光应怎样传播？入射角至少等于多少度？

自 测 题

一、判断题

1. 光在真空里中传播速度比在各介质中的速度都大。（　　）

2. 介质的折射率等于光在真空中的速度与光在介质中的速度的比值。（　　）

3. 折射率越大的介质，其临界角也越大。（　　）

4. 全反射棱镜控制光路比平面镜好。（　　）

5. 黄光和紫光在玻璃中的传播速度相同。（　　）

二、选择题

1. 光从空气斜着射入玻璃中，入射角 i 和折射角 r 的关系为（　　）

A. $i > r$　　　B. $i < r$　　　C. $i = r$　　　D. 无法判断

2. 关于各种介质的折射率，下列说法中正确的是（　　）

A. 一定等于1

B. 一定小于1

C. 可能大于 1，也可能小于 1

D. 一定大于 1，空气中的折射率可近似等于 1

3. 下列关于全反射的说法，正确的是（　　）

A. 光从真空射入介质，且入射角足够小

B. 光从介质射入空气，且入射角足够小

C. 光从光密介质射入光疏介质，且入射角大于临界角

D. 光从光疏介质射入光密介质，且入射角大于临界角

4. 光从下列几种介质射入空气，发生全反射的临界角的大小关系是（　　）

A. 金刚石＞玻璃＞水 　　　　B. 玻璃＞水＞金刚石

C. 水＞金刚石＞玻璃 　　　　D. 水＞玻璃＞金刚石

5. 从光的色散实验中可知，下列说法正确的是（　　）

A. 红光在玻璃中的传播速度比紫光小

B. 红光的折射率小于紫光的折射率

C. 红光的折射率大于紫光的折射率

D. 红光的偏折程度大于紫光

三、填空题

1. 在_____中，光沿直线传播。

2. 光从一种介质垂直射入另一种介质时，折射角_____于入射角。

3. 发生全反射的条件是_____；_____。

4. 各种单色光以相同的入射角射入棱镜，因其折射率_____同，使偏折角_____同。红光的偏折角最_____，紫光的偏折角最_____。

5. 激光是一种人工产生的_____光。用激光作"光刀"来切除肿瘤，利用的是激光_____的特性。

四、计算题

已知金刚石的折射率为 2.42，光在金刚石中的传播速度为多少？金刚石对真空的临界角为多少？

*第十四章　原子和原子核

一百多年前，化学家从实验中知道，物质是由分子组成的，分子是由原子组成的。直到19世纪下半叶，人们还一直认为原子是不可再分的。随着物理学研究的深入，19世纪末，人们发现了一些新的事实，表明原子是由更基本的微粒组成的。从此以后，原子内部结构的研究成为物理学的一个重要分支。到目前为止，人们对原子和原子核的认识已经相当深入，并在这些认识的基础上开发出新的能源——核能。本章主要学习原子和原子核的初步知识。

第一节　原子的核式结构　原子核

学习目标

1. 了解 α 粒子散射实验。
2. 掌握原子的核式结构。
3. 掌握原子核的组成。

1897 年，英国物理学家汤姆生（1856—1940）在研究阴极射线时发现了电子。此后，人们逐步了解了电子的各种特性，认识到**电子是原子的组成部分**。

电子是带负电的，而原子是电中性的，可见原子里还有带正电的物质。这些带正电的物质和带负电的电子是怎样构成原子的呢？

在 19 世纪末，物理学家们已经提出了几种原子模型，其中最有影响的是汤姆生的原子模型。在这个模型里，原子是一个球体，正电荷均匀分布在整个球体内，而电子则像西瓜子那样一粒一粒地嵌在球体内不同的位置上。汤姆生的原子模型能解释一些实验事实，但不久就被卢瑟福发现的新的实验事实否定了。

一、α粒子散射实验

1909～1911 年，英国物理学家卢瑟福（1871—1937）和他的助手们进行了用 α 粒子轰击金箔的实验。图 14-1 是实验装置的示意图。在一个小铅盒里放有少量的放射性元素钋，它发出的 α 粒子从铅盒的小孔射出，形成很细的一束射线射到金箔上。α

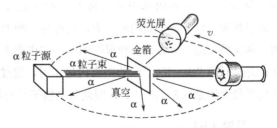

图 14-1　α粒子散射实验装置示意图

粒子穿过金箔后，打到荧光屏上产生一个个的闪光，这些闪光可以用显微镜观察到。整个装置放在一个抽成真空的容器里，荧光屏和显微镜能够围绕金箔在一个圆周上转动，从而可以观察到穿过金箔后偏转角度不同的 α 粒子。

实验结果表明：绝大多数 α 粒子穿过金箔后仍沿原来的方向前进，但是有少数 α 粒子发生了较大的偏转。并且有极少数α粒子偏转超过了90°，有的甚至被弹回，偏转角几乎达到180°，这种现象叫做α粒子的散射。

二、原子的核式结构模型

α粒子散射实验中产生的大角度散射现象是出人预料的，因为这需要有很强的相互作用力。卢瑟福对α粒子散射实验的结果进行了分析，得出结论，除非原子的几乎全部质量和正电荷都集中在原子中心的一个很小的核上，否则，α粒子的大角度散射是不可能的。由此，卢瑟福提出了他的原子核式结构模型：**在原子的中心有一个很小的核，叫做原子核。原子的全部正电荷和几乎全部质量都集中在原子核里，带负电的电子在核外空间绕核旋转。**原子核所带的单位正电荷数等于核外的电子数，所以整个原子是中性的。

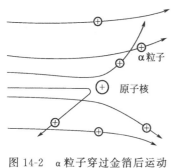

图 14-2　α粒子穿过金箔后运动轨迹示意图

根据卢瑟福的原子核式结构模型，由于原子核很小，大多数α粒子穿过金属箔时都离核很远，受到的库仑斥力很小，它们的运动几乎不受影响；只有极少数α粒子从原子核附近飞过，明显地受到原子核的库仑力而发生大角度的偏转，如图 14-2 所示。

近年来的研究表明，原子直径的数量级（实际就是电子运动范围的数量级）为 10^{-10} m，而原子核直径的数量级为 10^{-15} m，两者相差十万倍。

三、原子核的组成

科学家经过研究，发现小小原子核的结构也非常复杂。1919 年，卢瑟福用α粒子轰击氮核，从中产生了一种粒子并测定了它的电荷与质量，把它叫做质子。因此认为**原子核是由质子和中子组成的**。质子和中子统称为**核子**。质子带一个单位的正电荷，中子不带电，质子和中子的质量几乎相等，所以原子核的电荷数就等于它的质子数，原子核的质量数就等于它的核子数。

原子核常用符号 $^A_Z X$ 表示，其中 X 为元素符号，A 为原子核的质量数，Z 为原子核的电荷数。例如，质量数为 238、电荷数为 92 的铀核可表示为 $^{238}_{92} U$，有时可以简写为 $^{238} U$，或用汉字，写为铀 238，它的核子数为 238，质子数为 92，中子数为 146。

组成原子核的质子和中子非常紧密地聚集在很小的体积内，因此核子彼此之间的距离都很小。由于质子带有正电荷，它们之间的库仑斥力是很大的，然而通常的原子核是很稳定的。例如铅 $^{207}_{82} Pb$ 核的体积大约是 4×10^{-42} m³，其中却有 82 个质子和 125 个中子。这表明，在原子核里，除了质子间的库仑力，还有另一种力，它把各个核子紧紧拉在一起，这种力叫做**核力**。从实验知道，核力是一种很强的力，它在质子和质子间、质子和中子间、中子和中子间都存在，并且只在 2.0×10^{-15} m 的距离内起作用，超过了这个距离，核力就迅速减小到零。质子和中子的半径大约是 0.8×10^{-15} m，因此每个核子只与跟它相邻的核子间才有核力的作用。

习题 14-1

14-1-1　试述卢瑟福的原子的核式结构学说。

14-1-2　α粒子散射实验中，少数α粒子发生大角度偏转的原因是什么？

14-1-3　原子核由哪两种基本粒子组成？粒子的特征是怎样的？

14-1-4　铀 235 核内有多少个质子？多少个中子？

第二节　天然放射性

学习目标

1. 理解天然放射现象。
2. 掌握 α 射线、β 射线、γ 射线的性质。

一、天然放射现象

原子核不仅具有复杂的结构，而且能够发生变化，天然放射现象就是原子核的一种自发变化。

1896 年，法国物理学家贝可勒尔（1852—1908）发现，铀和含铀的矿物能发出某种看不见的射线，这种射线可以穿透黑纸使照相底片感光。物质自发地辐射出射线的现象叫做**天然放射现象**。物质具有的发射这种射线的性质，叫做**放射性**。具有放射性的元素，叫做**放射性元素**。

玛丽·居里（1867—1934）和她的丈夫皮埃尔（1859—1906）在贝可勒尔的建议下，对铀和铀的各种矿石进行了深入的研究，并且发现了两种放射性更强的新元素。玛丽·居里为了纪念她的祖国波兰，把其中一种命名为钋（元素符号是 Po），另一种命名为镭。

后来的研究发现，除了铀、钋、镭外，还有许多元素，例如原子序数大于 83 的所有天然存在的元素，都是放射性元素。原子序数小于 83 的元素，有的也具有放射性。

如果把放射性物质发出的射线置于磁场（或电场）中，我们将发现，射线被磁场分成了三束，如图 14-3 所示。根据学过的洛伦兹力的知识，可以断定：中间的一束是不带电的，另外两束分别带正、负电荷。带正电的一束偏转较小，叫做 α 射线；带负电的一束偏转较大，叫做 β 射线；不带电的一束叫做 γ 射线。

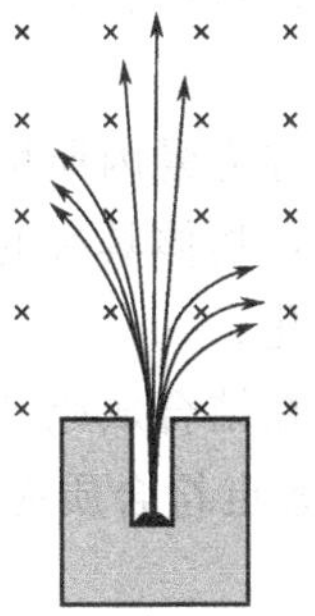

二、天然放射线的性质

图 14-3　射线在磁场中的偏转

进一步的研究揭示了这些射线的性质。

α 射线是氦原子核组成的粒子流，也称为 α 粒子流。α 粒子的电荷数是 2，质量数是 4，它射出的速度约为光速的十分之一，贯穿物质的本领很小，在空气中只能飞行几厘米，一张薄铝箔或一张薄纸就能把它挡住。但它有很强的电离作用，很容易使空气电离。

β 射线是高速运动的电子流，射出的速度接近光速，贯穿物质的本领强，可以穿透几毫米厚的铝板，但它的电离作用比较弱。

γ 射线是波长极短的电磁波（光子流），速度为光速。它的贯穿能力很强，能穿透三十厘米厚的钢板。由于不带电，所以它的电离作用十分弱。

实验证明，用光照、加温、加压等外界作用改变不了物质的放射性，可见它是原子核内部发生的变化过程。

习题 14-2

14-2-1 什么是天然放射现象？

14-2-2 天然放射线有几种？各有哪些性质？

第三节 核能 核技术

学习目标

1. 了解核能，理解质量亏损。

2. 了解获得核能的两种途径——重核裂变和轻核聚变。

一、核能 质量亏损

我们知道，化学反应往往要吸热或放热，类似地，核反应也伴随着能量的变化。由于核子之间存在着强大的核力，所以这个能量的变化是很大的。例如，一个质子和一个中子结合成氘核时，要放出 2.22 MeV 的能量（$1MeV = 10^6\,eV = 1.6 \times 10^{-13}\,J$），这个能量以 γ 射线的形式辐射出去。这种**在核反应中释放出的能量称为核能**，也叫做原子能。

物理学家研究过质子、中子和氘核之间的关系，发现氘核虽然是由一个质子和一个中子组成的，但它的质量却不等于一个质子和一个中子的质量之和。精确计算表明，氘核的质量比质子和中子的质量和要小一些。**核子组成原子核后所减少的质量称为质量亏损**。

爱因斯坦的相对论指出，物体的能量 E 和质量 m 之间存在着以下的关系：

$$E = mc^2 \tag{14-1}$$

上式称为爱因斯坦质能联系方程，简称**质能方程**。式中，c 是真空中的光速。这个方程告诉我们：物体具有的能量与其自身的质量成正比关系，当物体能量改变时，它的质量也必定发生变化。

核子在结合成原子核时出现了质量亏损 Δm，表明在此过程中放出了能量 ΔE，ΔE 与 Δm 的关系也符合质能方程：

$$\Delta E = \Delta mc^2 \tag{14-2}$$

二、重核裂变

在原子核里蕴藏着巨大的能量。物理学家们很早就了解到这一点，但是在相当长时间里一直找不到释放核能的实际方法。

1938 年年底，德国化学家哈恩和斯特拉斯曼发现铀核在俘获一个中子后发生了**裂变**，变为两个中等质量的原子核，并放出 2～3 个中子，同时释放出约 200MeV 的能量。可以发现，铀核裂变时平均每个核子放出的能量约为 1 MeV。如果 1kg 铀全部裂变，它放出的能量就相当于 2500t 优质煤完全燃烧时所放出的化学能。

铀核裂变的产物是多种多样的，有时裂变为氙（Xe）和锶（Sr），有时裂变为其他中等核。1946 年，我国物理学家钱三强、何泽慧发现，铀核吸收中子后有时也分裂成三块或四块碎片（原子核），但这种机会很小。

铀核裂变时，同时放出 2～3 个中子，如果这些中子再引起其他铀核裂变，就使裂变反应不断地进行下去，释放出越来越多的能量。这种反应叫做**链式反应**，如图 14-4 所示。

为了使链式反应容易发生，最好是利用纯铀235，铀块的体积对于产生链式反应也是一个重要因素。因为原子核非常小，如果铀块的体积不够大，中子从铀块中通过时，可能还没有碰到铀核就跑到铀块外面去了。能够发生链式反应的铀块的最小体积叫做它的**临界体积**。如果铀235的体积超过了它的临界体积，只要有中子进入铀块，立即会引起铀核的链式反应，在极短时间内就会释放出大量的核能，发生猛烈的爆炸。原子弹就是根据这个原理制成的。

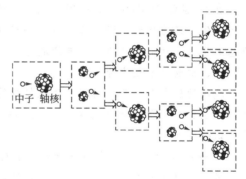

图 14-4　链式反应示意图

三、轻核聚变

某些轻核结合在一起，生成质量较大的核，这种核反应叫做**聚变**。聚变能释放出更多的能量。例如：一个氘核和一个氚核结合成一个氦核时，释放出 17.6 MeV 的能量，平均每个核子放出的能量在 3 MeV 以上，比裂变反应中平均每个核子放出的能量要大几倍。

要使轻核发生聚变，必须使它们接近到 10^{-15} m 的距离，也就是接近到核力能够发生作用的范围。由于原子核都是带正电的，要使它们接近到这种程度，必须克服巨大的斥力作用，这就要使原子核具有很大的动能。用什么办法能使大量的原子核获得足够的动能而产生聚变呢？有一种办法，就是把它们加热到很高的温度。从理论分析知道，当物质达到几百万摄氏度以上的高温时，剧烈的热运动使得一部分原子核已经具有足够的动能，可以克服相互间的库仑斥力，在碰撞时接近到可以发生聚变的程度，因此，聚变反应又叫做**热核反应**。热核反应一旦发生，就不需要外界给它能量，靠自身产生的热量就可以使反应进行下去。

怎样产生几百万摄氏度以上的温度呢？我们知道，原子弹爆炸时能产生这样高的温度，所以可以利用原子弹爆炸产生的高温来引起热核反应。氢弹就是这样制造出来的。

热核反应在宇宙中是很普遍的现象。在太阳内部就持续不断地进行着规模巨大的热核反应，其内部温度高达 1 千万度以上。太阳每秒辐射出来的能量约为 3.8×10^{26} J，地球只接受了其中的二十亿分之一，就使地面温暖，产生风云雨露，河川流动，生物生长。

习题 14-3

14-3-1　什么是核能？什么是质能方程？

14-3-2　获得核能的途径是什么？

14-3-3　什么是重核裂变？什么是轻核聚变？

相关链接

我国核电的发展历程

核电具有容量大、运行小时数高、发电波动性小、经济成本低等诸多优点，能满足工业化大规模使用，可有效取代煤电，具备产业化发展的条件。在诸多的清洁能源中，作为当前技术较为成熟、运行比较稳定的发电技术，核电具有明显的优势。

我国核电的发展，主要经历了三个阶段。

一、核能研究阶段

在 20 世纪 70 年代末，我国已经有了核动力应用的想法，但是由于历史原因，研究所被精简缩编，名存实亡，研究工作虽然一直没有停顿，但影响了工作的进行。一些基础科研项目基本停止，核电的科研工作未能展开。

二、核电技术起步阶段

我国的核电是从 20 世纪 70 年代起步的。由于我国的核电政策不完善，使得我国的核动力研究主要应用于核动力舰艇上。1971 年 9 月，我国自己建造的第一艘核动力舰艇安全下水，试航成功。

20 世纪 80 年代初，我国政府制定了发展核电的技术路线和政策，决定发展压水堆核电厂，采用"以我为主，中外合作"的方针，引进国外的先进技术，逐步实现设计自主化和设备国产化。1984 年我国第一座自己研究、设计和建造的核电站——秦山核电站破土动工，表明中国核电事业的开始。秦山核电站自 1991 年 12 月 15 日并网发电以来，已安全运行 20 多年。

三、黄金复苏阶段

中国核电从秦山核电开始，大亚湾核电为转折，历经 10 年，终于迎来了核电的春天，各个项目如雨后春笋，不断开工。

进入 21 世纪，国家对核电的发展做出新的战略调整。国务院已颁布了《核电中长期发展规划》，提出了到 2020 年核电装机容量达到 4000 万千瓦、再建 1800 万千瓦的目标，这个目标有可能更高。

然而，日本地震所引发的核电站事件，把全世界推向了核泄漏恐慌之中。2011 年 3 月，日本地震引发了海啸，造成了福岛核电站爆炸并引发了核泄漏，核泄漏对日本及周边地区人们的正常生产生活造成了极大损伤。这一事故引起了国际社会重新审视核电的安全性。在核电行业没有解决安全性问题之前，大部分国家不再审批新的核电站建设项目。在瑞士，3 座已经经过批准的核电站建设项目被立即停止；德国宣称计划放弃核能；我国也表示将暂时不再审批新的核电站。

核武器的防御

原子弹、氢弹等核武器具有很强的杀伤能力，一般形成杀伤能力的有冲击波、光热辐射、贯穿辐射和放射性污染等，我们只要了解这些杀伤作用产生的原理，核武器所成造的危害就可以防御。

核武器爆炸时，由于爆炸时间短，释放的能量巨大，爆炸中心的温度就升高到几百万度，压强高达几万亿千帕，强烈压缩周围空气层，形成了冲击波。冲击波不仅能摧毁建筑物，还能杀伤暴露着的人员。各种坚固的物体、建筑物都能减弱冲击波，因此，战壕、山洞、坚固的地下室、隐蔽所都能防御冲击波。

核武器爆炸后，周围空气受热，能达到几十万摄氏度的高温，形成一个表面温度比太阳表面温度还要高的大火球，这个大火球能发出强烈的光和热，向四周辐射，在一定距离内使易燃物体起火，直接伤害人，对眼睛的伤害尤其严重。防止光热辐射的办法是把易燃物体和人隐蔽起来。

核武器爆炸后，射出大量中子和 γ 射线，中子和 γ 射线的贯穿本领很强，叫做贯穿辐射。这些射线对人体危害很大。防御贯穿辐射，只要在人和爆炸中心之间隔上一层很厚的障碍物就可以了。以上三种破坏和杀伤作用，强度随着距离的增加而迅速减弱，只要及时采取防护措施，就可以减轻甚至避免对人体的伤害。

核武器爆炸时，产生的高温高压蒸汽具有极强烈的放射性，这种蒸汽冷却凝结后就成为放射性尘埃，尘埃在风吹动下会散布在相当广阔的地区。另外，爆炸时射出的中子打击到物质上，会使物质也具有放射性。放射性污染时间较长，范围较广。对放射污染区，要迅速撤离人员，冲洗或掩埋受污染的物体，就可以减轻甚至避免放射性污染的危害。

对于核武器，我国一贯的立场是禁止使用核武器，不首先使用核武器。

本章小结

本章对原子和原子核的结构、放射现象、核能及其利用等知识作了简要介绍，主要内容如下。

一、原子的核式结构模型

α粒子散射实验，是提出原子的核式结构模型的实验基础。

卢瑟福认为，在原子的中心有一个很小的核，叫做原子核。原子的全部正电荷和几乎全部质量都集中在原子核里，带负电的电子在核外空间绕核旋转。

二、原子核的组成

研究表明，原子核是由质子和中子组成的。质子带一个单位的正电荷，中子不带电，质子和中子的质量几乎相等。

三、天然放射性

对原子核的研究，首先是从发现天然放射性物质开始的。天然放射现象是原子核内部发生的变化过程。

放射性物质放出的射线有三种，分别是α射线、β射线和γ射线，它们的本质分别是氦原子核组成的粒子流，高速运动的电子流，波长极短的电磁波（光子流）。

四、核能及其应用

核能是指在核反应过程中释放出的能量。

核子在结合成原子核时出现了质量亏损。原子核的质量发生变化时，将伴随着能量的变化，它们之间的关系是

$$\Delta E = \Delta mc^2$$

通过重核裂变和轻核聚变，可以获得核能。

复 习 题

一、判断题

1. 组成原子的正电荷均匀分布在这个原子的体积内。（   ）
2. 原子核带有原子的全部的正电荷。（   ）
3. 核力是一种短程的斥力。（   ）
4. 天然放射现象是原子核内部发生的变化过程。（   ）
5. 中等质量的核裂变成轻核，能释放出能量。（   ）

二、选择题

1. 关于α粒子散射实验，以下说法中不符合事实的是（   ）
A. 它是提出原子的核式结构模型的实验基础
B. 观察到绝大多数的α粒子穿过金箔后仍沿原来方向前进
C. 大多数α粒子穿过金箔后，发生了超过90°的大角度偏转
D. 极少数α粒子被金箔反弹回来，偏转角度几乎达到180°

2. 关于核力，下列说法中正确的是（   ）
A. 原子核内每个核子只跟与它们相邻的核子间才有核力作用
B. 核力既可能是引力，又可能是斥力
C. 核力是斥力

D. 原子核内的某一核子与其他核子间都有核力作用

3. 关于原子核的组成，下列说法正确的是（　　）

A. 由电子和中子组成　　　　　　B. 由电子和质子组成

C. 由正、负电荷组成　　　　　　D. 由质子和中子组成

4. 将 α、β、γ 三种射线按电离能力递增的顺序排列，正确的是（　　）

A. α、β、γ　　　　　　　　　　B. γ、β、α

C. β、α、γ　　　　　　　　　　D. β、γ、α

5. 在核子结合成原子核的过程中，会释放出能量，这是由于（　　）

A. 原子核的质量大于核子的总质量

B. 原子核的质量小于核子的总质量

C. 原子核的质量等于核子的总质量

D. 原子核的质量大于每个核子的质量

三、填空题

1. 原子是由_____ 和_____ 组成的，其中_____ 带_____ 电，而_____ 带_____ 电，整个原子是_____的。

2. 氮 $^{15}_{7}$N 核中，有_____ 个质子，有_____ 个中子。

3. 反射性物质放出的射线有三种，分别是_____ 射线、_____ 射线、_____ 射线，它们的实质是_____、_____、_____。

4. 质量和能量的关系为_____。

5. 利用核能的方法有_____ 和_____。

自 测 题

一、判断题

1. 原子核占有原子体积的很少部分。（　　）

2. 原子核带有原子的全部质量。（　　）

3. 由于射线能杀菌消毒，因此人体接受过量的反射性作用有益无害。（　　）

4. 物体具有的能量与其自身的质量成正比。（　　）

5. 重核裂变能释放出能量。（　　）

二、选择题

1. 关于原子的组成，下列说法正确的是（　　）

A. 由正电荷和负电荷组成　　　　B. 由中子和质子组成

C. 由电子和原子核组成　　　　　D. 由电子和中子组成

2. 关于卢瑟福原子核式结构模型，下列说法正确的是（　　）

A. 原子的中心有个核，叫原子核

B. 原子的正电荷均匀分布在整个原子中

C. 原子的全部质量都集中在原子核里

D. 带负电的电子均匀分布在原子核外

3. α 粒子是（　　）

A. 氦原子　　　　　　　　　　　B. 失去一个电子的氦原子

C. 得到一个电子的氦原子　　　　D. 氦原子核

4. 将 α、β、γ 三种射线按贯穿本领递增的顺序排列，正确的是（　　）

A. α、β、γ　　　　　　　　　　B. γ、β、α

C. β、α、γ　　　　　　　　　　D. β、γ、α

5. 天然放射现象显示出（　　）

A. 原子不是单一的基本粒子

B. 原子核不是单一的基本粒子

C. 原子由原子核和核外电子组成

D. 原子有一个核，它集中了所有的正电荷

三、填空题

1. 原子直径的数量级为_____ m，原子核的直径的数量级为_____ m。

2. _____为原子的核式结构模型提供了实验基础。

3. 核子是_____和_____的统称，它们是构成_____的基本粒子。

4. 钠$^{23}_{11}$Na 核由_____个质子和_____个中子组成。

5. 氢弹是利用_____产生的高温来引起热核反应的。

学　生　实　验

实验八　伏安法测电阻

实验目的

1. 掌握伏安法测电阻的原理和方法。

2. 熟悉电压表和电流表的使用方法。

3. 加深对欧姆定律的理解。

实验原理

用电压表测出电阻两端的电压，用电流表测出通过电阻的电流，即可根据欧姆定律 $U=IR$ 求出电阻值。这就是测量电阻的伏安法。

用伏安法测电阻，可有两种接法，如实验图 8-1 所示，采用实验图 8-1(a) 的接法时，由于电压表的分流作用，电流表测出的电流较通过电阻的电流大，这样算出的电阻值要比真实值小。

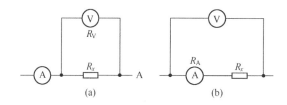

实验图 8-1　伏安法测电阻的接线图

如果电压表的内电阻为 R_V，则只有在 $R_x \ll R_V$ 时，通过电压表的电流可忽略，产生的误差才比较小，所以这种方法适用于测量较小的电阻。采用实验图 8-1(b) 的接法时，由于电流表的分压作用，电压表测出的电压较真实值大，这样计算出的电阻值要比真实值大。如果电流表的内电阻为 R_A，只有当 $R_x \gg R_A$ 时，电流表上的电压降可忽略，产生的误差才比较小，所以这种方法常用来测量较大的电阻。

实验器材

电流表，电压表，直流电源，待测电阻 2 个（电阻 R_{x1} 约为 $2 \times 10^2 \, \Omega$，电阻 R_{x2} 约为 $2 \times 10^4 \, \Omega$），开关，滑线变阻器，导线等。

实验步骤

1. 按实验图 8-2 所示接好线路。先使滑线变阻器的阻值最大，接通开关，再根据电压表和电流表的量程，适当调节变阻器的电阻，读出一系列电流 I 和相应的电压 U 的数值，将数据填入实验表 8-1 中。根据上述数据计算电阻 R_{x1} 的值。

2. 按实验图 8-3 所示接好线路。先使分压器输出电压最小，通电后，根据电压表和电流表的量程，适当调节变阻器滑动片的位置，读出一系列电流 I 和对应的电压 U 的数值。将数据填入实验表 8-2 中，根据上述数据计算电阻 R_{x2} 的值。

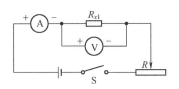

实验图 8-2　电流表外接法测电阻的线路图

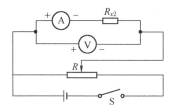

实验图 8-3　电流表内接法测电阻的线路图

实　验　报　告

实验名称

实验目的

实验原理

实验器材

记录与计算

实验表 8-1

电流表量程 0～＿＿＿＿＿＿＿＿ A，电压表量程 0～＿＿＿＿＿＿＿ V

待 测 电 阻	I/A	U/V	R_{x1}/Ω	$\overline{R}_{x1}/\Omega$
R_{x1}				

实验表 8-2

电流表量程 0～＿＿＿＿＿＿＿ A，电压表量程 0～＿＿＿＿＿＿＿ V

待 测 电 阻	I/A	U/V	R_{x2}/Ω	$\overline{R}_{x2}/\Omega$
R_{x2}				

误差分析

实验人员

实验时间

实验九　电源的电动势和内电阻的测定

实验目的

1. 测量电源的电动势和内电阻。

2. 巩固闭合电路欧姆定律的知识。

3. 综合运用所学理论和实验知识，进行设计实验的练习。

实验原理

根据闭合电路欧姆定律 $E=Ir+Ir$ 或 $E=U+Ir$，用电流表和电压表分别测出两组对应的 R、I 或 U、I 值，列出方程 $E=I_1R_1+I_1r$，$E=I_2R_2+I_2r$ 或 $E=U_1+I_1r$，$E=U_2+I_2r$，均可求出电动势 E 和内电阻 r 的值。

实验器材

干电池（或直流稳压电源串联定值电阻），电流表，电压表，电阻箱（或定值电阻），开关，导线。

实验步骤

1. 将干电池、电流表、电阻箱、开并按实验图 9-1 所示的线路连接好。

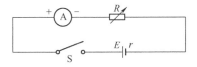

实验图 9-1　设计线路（一）

2. 适当选择电阻箱的电阻值，使电路闭合时，电路中的电流为某一定值。

3. 记下电阻箱的电阻以及电流表的示数。

4. 改变电阻箱的电阻，电流表的示数也相应改变。记下每次的电阻值和电流值，并将数据填入自己设计的表中，计算电动势 E 和内电阻 r 的值。

此实验也可改用实验图 9-2 所示的线路。改变电阻值并记下两次对应的电流表和电压表的示数，就能计算出电动势 E 和内电阻 r 的值。

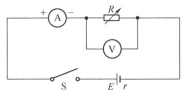

实验图 9-2　设计线路（二）

实 验 报 告

实验名称

实验目的

实验原理

实验器材

记录与计算

实验表 9-1

实验表 9-2

实验人员

实验时间

思　考　题

1. 如何利用简单方法，粗略测定电源电动势？
2. 路端电压随外电阻变化的规律如何？

实验十　研究电源的输出功率与负载的关系

实验目的

1. 研究负载电阻变化时，电源输出功率的变化。
2. 验证当负载电阻等于电源的内电阻时，电源的输出功率最大。

实验原理

电源的输出功率为 $P=I^2R$，由闭合电路欧姆定律 $I=\dfrac{E}{R+r}$，可得

$$P=I^2R=\left(\frac{E}{R+r}\right)^2R=\frac{E^2R}{(R-r)^2+4Rr}=\frac{E^2}{\dfrac{(R-r)^2}{R}+4r}$$

由上式可见，当 E、r 一定时，电源的输出功率 P 仅跟负载电阻 R 有关，当 $R=r$ 时，$\dfrac{(R-r)^2}{R}=0$，P 有最大值，这时有 $P_m=\dfrac{E^2}{4r}$。当 $R>r$ 或 $R<r$，都有 $P<P_m$。

本实验以电阻箱为负载电阻 R，用电流表测量电流 I，应用公式 $P=I^2R$，就可以计算出对应的输出功率 P。改变 R，得到若干组 R、P 值，就能对 P 和 R 的关系进行研究。

实验器材

蓄电池（或稳压电源），电流表，电阻箱，定值电阻（约 35Ω），电压表，开关，导线。

实验步骤

1. 蓄电池的内电阻 r_0 很小（<1Ω），为防止因电流过大而损坏电池，给它串联一个定值电阻 R_0，把它们的整体当作一个电源，此电源的内电阻为 $r=r_0+R_0\approx R_0$。

2. 用电压表在电源开路时直接测量电源的端电压，并将此值当作电源的电动势 E。

3. 按实验图 10-1 接好线路，逐次改变电阻箱的电阻 R，接通开关，读取对应的电流 I，并计算出此时电源的输出功率 P，逐项填入实验表 10-1 中。其中 $R>r$ 和 $R<r$ 的数据应大致各占一半。为作图准确，在 $R=r$ 附近应多找一些点。

4. 在坐标纸上用横轴代表 R，用纵轴代表 P，绘出 $P\text{-}R$ 图线。

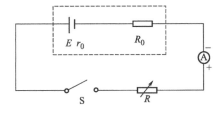

实验图 10-1　实验线路图

实 验 报 告

实验名称

实验目的

实验原理

实验器材

记录与计算

$$E = \underline{\hspace{3cm}} \text{ V}, \quad r = r_0 + R_0 \approx R_0 = \underline{\hspace{3cm}} \Omega$$

实验表 10-1

实验次数	R/Ω	I/A	P/W
1			
2			
3			
4			
5			
6			
7			
8			
9			
10			
11			

实验人员

实验时间

思 考 题

1. 根据 P-R 图线说明电源输出功率跟负载电阻的关系。
2. 分析本实验产生误差的主要原因。

实验十一　直流电表的改装

实验目的

1. 学习将电流计改装为电压表。
2. 学习扩大电流计的量程。

实验原理

我们在实验中使用的电流计、电压表和多用表，都是磁电式电表。这种电表利用通电线圈与永久磁铁的磁场的相互作用，使线圈受力矩作用而带动指针转动。它的磁场是由蹄形永久磁铁产生的，如实验图 11-1 所示。绕在铝框架上的线圈放在永久磁铁的两极之间，支持框架的轴上附有指针和螺旋弹簧。被测量的电流通过螺旋弹簧进入线圈，线圈在力矩的作用下，带动轴和指针一起转动。线圈旋转的角度，亦即指针偏转的角度，与线圈内通过的电流成正比。指针在刻度盘上指出的示数，就是电流的数值。若改变电流方向，磁场作用在线圈上的力也就反向，指针朝相反的方向偏转。当线圈中没有电流时，调整校正器就能使指针恰好指向零位置。

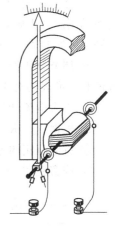

实验图 11-1　磁电式
电表的结构

由于指针偏转的方向与电流方向有关，所以磁电式仪表只能用来测量直流电。通常磁电式电表的灵敏度比较高，能够测出微安级的电流，也比较准确。但是绕制线圈的导线很细，所允许通过的电流很小，过载能力差，容易被烧坏，如需要测量较大的电流或测量电压时，必须加以改装。

1. 扩大电流计量程

设电流计量程为 I_g（又称满偏电流），内电阻为 R_g（I_g，R_g 均由实验室给出），今要把量程扩大为 I，可在表头上并联分流电阻 R_n（见实验图 11-2）。由欧姆定律得

$$I_g R_g = (I - I_g) R_n$$

$$R_n = \frac{I_g R_g}{I - I_g} = \frac{R_g}{\dfrac{I}{I_g} - 1} \tag{1}$$

实验图 11-2　扩大电流计量程的原理

实验图 11-3　电流计改装为电压表的原理

2. 将电流计改装为电压表

电流计所能承受的电压 $U_g = I_g R_g$ 是很小的，今要使它测量较大的电压，需在表头上串联分压电阻 R_m（见实验图 11-3）。由欧姆定律得

$$U = I_g(R_m + R_g)$$

$$R_m = \frac{U}{I_g} - R_g \qquad\qquad (2)$$

实验器材

直流稳压电源，滑动变阻器，电流计（微安计），电流表，电压表，电阻箱，开关，导线。

实验步骤

1. 电流计改装为电压表

① 由 I_g、R_g 和改装后的量程 U，利用式（2）计算出电阻 R_m。

② 将电阻箱的电阻调为 R_m，并使它与电流计串联，即改装为电压表。

③ 按实验图 11-4 所示接好线路。将分压器调至输出电压最小，闭合开关 S。

④ 逐渐增大分压器的输出电压，使标准表的示数等于改装表的量程 U，此时，改装表应指满刻度；否则，应微调电阻 R_m，直至改装表恰好指满刻度，将 R_m 的计算值和实验值分别记入实验表 11-1 中。

⑤ 调节分压器，使改装表示数从满刻度逐渐减小，依次指示出一系列数值，记下这些数值和标准表的对应示数，记入实验表 11-1 中。

2. 扩大电流计量程

① 根据 I_g、R_g 和扩大后的量程 I，利用式（1）计算出电阻 R_n。

② 将电阻箱的电阻调为 R_n，并使它与电流计并联，改装即完成。

③ 按实验图 11-5 所示接好线路。将滑动变阻器调至电阻最大，闭合开关 S。

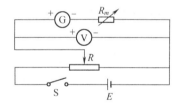
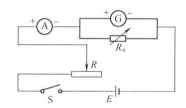

实验图 11-4 电流计改装为电压表的线路图   实验图 11-5 扩大电流计量程的线路图

④ 逐渐减小滑动变阻器的电阻，使标准表的示数等于改装表的量程 I。此时，改装表应指满刻度；否则，应微调电阻 R_n，直至改装表恰好指满刻度。将 R_n 的计算值和实验值分别记入实验表 11-2 中。

⑤ 调节滑动变阻器，使改装表示数从满刻度减小，依次指出一系列数值。记下这些数值和标准表的对应示数，并填入实验表 11-2 中。

注意事项

电表改装后，应注意读数。应根据改装后的量程及刻度盘的实际情况，正确地读出数值。

实 验 报 告

实验目的

实验原理

实验器材

记录

实验表 11-1

电流计常数		分压电阻 R_m/Ω		电压表示数 U/V					
I_g/A		计算值		改装表					
R_g/Ω		实验值		标准表					

实验表 11-2

电流计常数		分流电阻 R_n/Ω		电流表示数 I/A					
I_g/A		计算值		改装表					
R_g/Ω		实验值		标准表					

实验人员

实验时间

实验十二　电磁感应现象的研究

实验目的

观察电磁感应现象，验证楞次定律。

实验原理

穿过闭合电路中的磁通量发生变化时，电路中就要产生感应电流。感应电流的方向总要使自身的磁场阻碍引起感应电流的磁通量的变化。

实验器材

原线圈和副线圈（附铁芯），条形磁铁，直流电源（1.5～2V），电流计，开关，滑线变阻器，定值电阻（$5 \times 10^2 \, \text{k}\Omega$ 左右）。

实验步骤

1. 按实验图 12-1 所示接好线路。观察电流流入方向与电流计指针偏转方向间的关系（左入左偏，右入右偏；或左入右偏，右入左偏）。

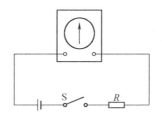

实验图 12-1　判断电流方向与指针偏转方向
间关系的线路图

2. 辨认线圈的缠绕方向。

3. 按实验图 12-2 所示接好线路，在将条形磁铁 N 极插入副线圈的过程中，观察电流计指针的偏转方向，由此确定线圈中感应电流的方向（在本实验中，线圈中的电流方向一律以俯视图为准，记顺时针或逆时针方向），将观察和分析结果记入实验表 12-1 中。

4. 同步骤 3，但将磁铁 N 极从线圈中抽出。

5. 将条形磁铁 N 极换为 S 极，重复步骤 3、4。

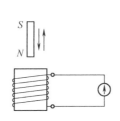

实验图 12-2　磁铁运动产生
感应电流的线路图

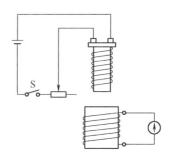

实验图 12-3　原线圈运动或电键
通断时产生感应电流的线路图

6. 按实验图 12-3 所示接好线路，使原线圈中电流方向为沿顺时针方向，接通开关后将原线圈插入副线圈中，观察电流计指针的偏转方向，并确定副线圈中感应电流的方向，将观察分析结果记入实验表 12-2 中。

7. 同步骤 6，但将原线圈从副线圈中抽出。

8. 将原线圈中电流方向改为沿逆时针方向，重复步骤 6、7。

9. 将原线圈放入副线圈中，使原线圈中电流方向为沿顺时针方向，接通开关，观察电流计指针的偏转方向，并确定副线圈中感应电流的方向，将观察分析结果记入实验表 12-3 中。

10. 同步骤 9，但将开关断开。

11. 将原线圈中的电流方向改为沿逆时针方向，重复步骤 9、10。

实 验 报 告

实验目的

实验原理

实验器材

记录与结论

实验表 12-1

磁铁的运动	原磁场方向（向上或向下）	Φ 的变化（增加或减少）	$I_{感}$ 的方向（顺或逆时针）	$I_{感}$ 的磁场跟原磁场方向间的关系（同向或反向）	$I_{感}$ 的磁场对 Φ 的变化的影响（阻碍或助长）
N 极插入					
N 极抽出					
S 极插入					
S 极抽出					

实验表 12-2

原线圈的运动	原磁场方向（向上或向下）	Φ 的变化（增加或减少）	$I_{感}$ 的方向（顺或逆时针）	$I_{感}$ 的磁场跟原磁场方向间的关系（同向或反向）	$I_{感}$ 的磁场对 Φ 的变化的影响（阻碍或助长）
插入					
抽出					
电流反向后插入					
电流反向后抽出					

实验表 12-3

开关的动作	原磁场方向（向上或向下）	Φ 的变化（增加或减少）	$I_{感}$ 的方向（顺或逆时针）	$I_{感}$ 的磁场跟原磁场方向间的关系（同向或反向）	$I_{感}$ 的磁场对 Φ 的变化的影响（阻碍或助长）
接通					
断开					
电流反向后接通					
电流反向后断开					

结论

实验人员

实验时间

思 考 题

1. 磁铁插入线圈后停止不动时，线圈中还有感应电流吗？为什么？
2. 把通有恒定电流的原线圈放在副线圈中不动时，副线圈中有无感应电流？为什么？实验中可对上述两问题进行观察。

实验十三　多用电表的使用

实验目的

练习用多用电表测量电压、电流和电阻。

实验器材

多用电表，直流稳压电源，滑线变阻器，电阻箱，电阻，开关。

多用表简介

多用电表（以下简称多用表）又称万用电表。常用来测量交、直流电压、直流电流和电阻等电学量，并且每挡具有多种量程，使用十分方便。

多用表从结构上讲，主要由表头、转换开关和测量电路三部分组成。它的型号很多，但使用方法基本相同，现以 MF-30 型多用表（见实验图 13-1）为例介绍如下。

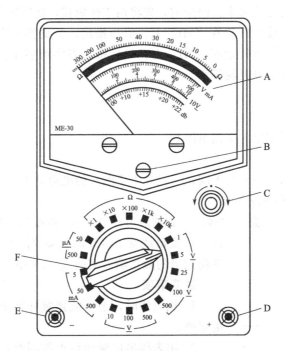

实验图 13-1　MF-30 型多用表面板图

A—刻度板；B—机械零位调整器；C—欧姆零点旋钮；

D—红表棒插口；E—黑表棒插口；F—转换开关

1. 使用前的准备

使用前检查指针是否指在零位。如不在零位，可用小改锥调节机械零位调整器 B，使指针指在零位上。然后，将红表棒插入"＋"插口内，黑表棒插入"－"内。

2. 直流电流的测量

将转换开关 F 旋至直流电流挡。该挡有"mA"和"μA"两个挡位，共有 $50\mu A$、$500\mu A$、5 mA、50 mA 和 500mA 五个量程，根据待测电流的大小选择合适量程，测量时，应将多用表串接在待测电路中，电流由"＋"插口流入，"－"插口流出。切勿把红、黑两表棒跨接在电源两端，以避免电流过载而烧坏电表。

3. 直流电压的测量

将转换开关 F 旋至直流电压挡，该挡有 1V、5V、25V、100V 和 500V 五个量程。根据待测电压的大小选合适量程。测量时，应将电表两表棒跨接在待测电压的两端，红表棒接高电势端，黑表棒接低电势端，保证电流由"＋"插口流入，"－"插口流出。

4. 交流电压的测量

将转换开关 F 旋至交流电压挡，该挡有 10 V、100 V 和 500 V 三个量程，示值为交流电压有效值。测量方法与直流电压的测量相似。

以上各项测量，当待测量大小不能预估时，应先选择最大量程位置，然后根据表针指示值大小，再选用与该测量值最接近的量程测量，使指针得到最大偏转值，以减小测量示值的绝对误差。

5. 电阻的测量

将转换开关 F 旋至欧姆挡，该挡有 ×1、×10、×100、×1k 和 ×10k 五个倍率，根据待测电阻的大小选择合适的倍率。测量前，先将两表棒短接，指针即向满刻度方向偏转，调节"欧姆零点"旋钮，使指针指在"0Ω"上。应当指出，每更换一次倍率，都必须重新调节"欧姆零点"旋钮，使指针指在"0Ω"上，然后将两表棒跨接在待测电阻的两端，将读取的电阻值乘以倍率即为电阻测量值。

实验步骤

1. 测量交流电压

用多用表测量实验室里的交流电压 U。

2. 测量电阻

测量两只待测电阻（一只几十欧，一只几十千欧）的电阻值 R_1、R_2。

3. 测量直流电压和直流电流

按实验图 13-2 连接线路，用多用表分别测负载电阻 R_L 两端的电压 U_L 和通过它的电流 I_L。改变滑线变阻器滑动触头的位置，测两组 U_L 和 I_L 值，并将记录的数据填入实验表 13-1 中。

注意事项

1. 执表棒时，手不能接触任何金属部分，以免发生触电事故。

2. 用表棒尖接触测量点的同时，要注视表针的偏转情况，一旦表针偏转过度或反向偏转，应迅速使表棒离开测量点。千万别拨错了测量挡位，以免烧毁表头。

3. 不得测带电的电阻。

4. 测量完毕，将转换开关置于交流（或直流）电压最大量程处，以保护仪表。

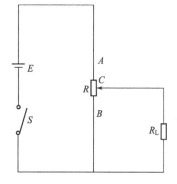

实验图 13-2　测直流电压和直流电流的电路图

实 验 报 告

实验名称

实验目的

实验器材

实验步骤

记录与结论

实验表 13-1

次数	U/V	R_1/Ω	R_2/Ω	U_L/V	I_L/A
1					
2					

结论

实验人员

实验时间

思　考　题

1. 使用多用表测量电阻时应注意哪些问题？

2. 用过多用表后，为什么要把转换开关置于电压的最高挡？为什么不能放在直流电流挡或欧姆挡？

实验十四　示波器的使用

实验目的

掌握示波器的基本操作方法。

实验器材

示波器，变阻器、开关、干电池（2 节）。

示波器简介

示波器是一种常用的电子仪器，它的内部除了示波管这个核心器件之外，还有比较复杂的电子电路，我们不作深入介绍，利用示波器可以观察电信号随时间变化的情况。示波器已经成为检测和修理各种电子仪器以及进行科学研究时不可缺少的工具。

示波器的品种较多、型号各异，但基本功能相似。现以 J-2459 型示波器（如实验图 14-1所示）为例，阐明各旋钮和开关的作用。

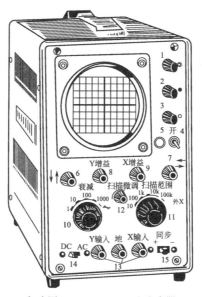

实验图 14-1　J-2459 型示波器

1 辉度调节旋钮　调节图像的亮度。

2 聚焦调节旋钮和 3 辅助聚焦调节旋钮　二者配合使用，可以改变电子束会聚成一细束，在屏上出现小亮斑，使图像线条清晰。

4 电源开关。

5 指示灯　指示电源的通断。

6 竖直位移旋钮和 7 水平位移旋钮　分别用来调节波形在竖直方向和水平方向的位置。

8 Y 增益旋钮和 9 X 增益旋钮　分别用来调节图像在竖直方向和水平方向的幅度。

10 衰减调节旋钮　分为 1、10、100、1000 四个挡，"1"挡不衰减，其余各挡分别可使加在竖直偏转电极上的信号电压衰减为 $\frac{1}{10}$、$\frac{1}{100}$、$\frac{1}{1000}$，使强信号的图像幅度不致太大。

最右边的挡表示在竖直方向由机内自行提供按正弦规律变化的交流电压，在荧光屏上显示正弦波形。

11 扫描范围旋钮　用来改变扫描电压的频率范围，有四个挡，左边第一挡是 10～100 Hz，向右旋转每升高一挡，扫描频率增大 10 倍。最右边是"外 X"挡，使用这一挡时机内不加扫描电压，水平方向的电压可以从外部输入。

12 扫描微调旋钮　对扫描电压的频率进行微调。

13 "Y 输入"、"X 输入"、"地"　分别是对应方向的信号输入的接线柱和公共的接地接线柱。

14 交直流选择开关　置于"DC"位置时，所加信号直接输入示波器内的放大电路；置于"AC"位置时，所加信号经过示波器内的一个电容器，隔断直流成分后再输入放大电路。

实验步骤

1. 观察荧光屏上的亮斑并进行调节

先把辉度调节旋钮反时针转到底，竖直位移旋钮和水平位移旋钮旋到中间位置，衰减调节旋钮置于 1000 挡，扫描范围旋钮置于"外 X"挡。

打开电源开关，指示灯亮，预热一两分钟后，顺时针旋转辉度调节旋钮，屏上即出现一个亮斑，亮度要适中，不应过亮，特别是当亮斑长时间停留在屏上不动时，应把亮度减弱，以免损伤荧光屏。

旋转聚焦调节旋钮和辅助聚焦旋钮，观察亮斑的变化，使亮斑最圆、最小。旋转竖直位移旋钮，观察亮斑的上下移动。旋转水平位移旋钮，观察亮斑的左右移动。

2. 观察扫描并进行调节

把 X 增益旋钮顺时针转到三分之一处，扫描微调旋钮反时针转到底，扫描范围旋钮置于最低挡。这时可以看到扫描的情形：亮斑从左向右移动，到右端后又很快回到左端。顺时针旋转扫描微调旋钮以增大扫描频率，可以看到亮斑移动速度加快，直至变为一条亮线。调节 X 增益旋钮，可以看到亮线长度的改变。

3. 观察亮斑在竖直方向的偏移并进行调节

把扫描范围旋钮置于"外 X"挡，使亮斑位于屏的中心，把"DC-AC"开关置于"DC"位置，照实验图 14-2 连接电路，给竖直方向加一个直流电压，直流电源用一二节干电池即可。把衰减挡依次转到 100、10 和不衰减，观察亮斑向上的偏移。调节 Y 增益旋钮使亮斑偏移一段适当的距离，然后调节变阻器改变输入电压，可以看到亮斑的偏移随着改变，电压越高，偏移越大。调换电池的正负极以改变输入电压的方向，可以看到亮斑改为向下偏移。

4. 观察按正弦规律变化的电压的图像

把扫描范围旋钮置于第一挡（10～100 Hz），把衰减调节旋钮置于交流电压输出挡，即由机内提供竖直方向的按正弦规律变化的电压。调节扫描微调旋钮，使屏上出现完整的正弦曲线。调节 Y 增益或 X 增益旋钮，使曲线形状沿竖直或水平方向发生变化。

注意事项

1. 为了保护荧光屏不被灼伤，使用示波器时，亮斑的亮度不能太强，而且也不能让亮

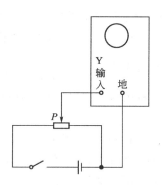

实验图 14-2　改变输入电压的电路图

斑长时间停在荧光屏的一点上。

2. 实验过程中，如果短时间不使用示波器，可将辉度调节旋钮逆时针旋至尽头，使光点消失，不要经常通断示波器，以免缩短示波器的使用寿命。

实 验 报 告

实验名称

实验目的

实验器材

实验步骤

记录与结论

实验人员

实验时间

部分习题参考答案

第八章

8-2　8-2-3　-2.5×10^{-7}C　8-2-4　9.0×10^{-7}N，向右

8-3　8-3-3　9.0×10^{4}N/C，5.4×10^{-3}N　8-3-4　负电荷，1.6×10^{-19}C

8-4　8-4-4　225V，-225V　8-4-5　-6V，b 点　8-4-6　负电荷，1.5×10^{-7}C

8-5　8-5-2　6.0×10^{2}V，9.0×10^{2}V，1.5×10^{3}V　8-5-3　5.0×10^{6}N/C，-5.0×10^{4}V

8-7　8-7-2　$1:2:5$　8-7-3　5×10^{-8}F

　　　8-7-4　8.0×10^{-10}F　8-7-5　（1）2.0×10^{3}V；（2）2.0×10^{5}V/m

*8-8　8-8-2　3.84×10^{-15}J，9.2×10^{7}m/s

第九章

9-2　9-2-2　1.25×10^{21}个　9-2-3　2.0A　9-2-4　20A

9-3　9-3-1　（1）24V，6V，6V；　（2）0.8A，0.2A；　（3）30Ω　9-3-2　0.11A，

0.18A

　　　9-3-3　10V，30V　9-3-4　1.0×10^{-3}Ω，1.5×10^{5}Ω

9-4　9-4-1　3.6×10^{6}J，15.75kW•h　9-4-2　70V，30V，140W，60W

　　　9-4-3　（1）2A；（2）$2:1$；（3）$2:1$　9-4-4　6.25×10^{4}W，100W

　　　9-4-5　（1）110W；（2）0.5W；（3）109.5W

9-5　9-5-2　1.84V　9-5-3　0.25Ω　9-5-4　2V，1Ω　9-5-5　3A，3V

　　　9-5-6　（1）32W；（2）28W；（3）20W，8W，4W

*9-6　9-6-1　5A　9-6-2　2A　9-6-3　10个

第十章

10-3　10-3-3　0.5T　10-3-4　3.0Wb　10-3-6　9.6×10^{-4}Wb

10-4　10-4-2　0.72N，0.36N　10-4-3　0.8J　10-4-4　1.6×10^{-2}N•m

　　　10-4-5　0.15T

10-5　10-5-4　4.8×10^{-14}N

*10-6　10-6-1　（1）1.28×10^{-13}N；（2）6.6×10^{-7}s；（3）0.21m

　　　10-6-2　1.53×10^{7}m/s，8.19×10^{-8}s　10-6-3　5.11×10^{-12}N，0.332m

第十一章

11-3　11-3-2　1.2V　11-3-3　7.5×10^{-2}V　11-3-4　15V　11-3-5　2×10^{2}V，5A

11-5　11-5-3　9.6×10^{2}V　11-5-4　1.0H，无，有，40V

＊11-6　11-6-2　2.56s　11-6-3　14.983m，14.993m

第十二章

12-2　12-2-2　2.8A（$2\sqrt{2}$A）

　　　12-2-3　0.2s，5Hz，10A，7.1A（$5\sqrt{2}$A）

12-3　12-3-2　200 匝

＊第十三章

13-1　13-1-3　48.8°　13-1-4　35.3°，2.00×10^8m/s

13-2　13-2-3　能，因为光从光密介质射入光疏介质，且入射角（45°）大于临界角

　　　（30°）　13-2-4　47°

复习题参考答案

第八章

一、判断题

√，×，×，×，√

二、选择题

C，C，C，C

三、填空题

1. 6.0×10^{-9}

2. 正，无

3. 电压，—

4. 减少，增加

5. 大小，方向

6. 电势差，电量

7. 大，小，零

四、计算题

1. $1.6 \times 10^3 \, \text{N/C}$，在点电荷与 A 点的延长线上，离 A 点 $0.15 \, \text{m}$ 处

2. $-3.0 \, \text{V}$，$-3.0 \, \text{V}$

3. （1）$8.9 \times 10^{-12} \, \text{F}$；（2）$1.1 \times 10^5 \, \text{V}$；（3）$1.1 \times 10^7 \, \text{V/m}$；（4）$1.8 \times 10^{-12} \, \text{N}$

第九章

一、判断题

×，×，√，√，√

二、选择题

C，D，B，B，D

三、填空题

1. 压，流

2. $R = r$，$\dfrac{E^2}{4r}\left(\text{或} \dfrac{E^2}{4R}\right)$

3. $\dfrac{1}{4}$，4

4. $Q = W$，$Q < W$

5. 1 度，3.6×10^6

6. 40

7. 1.5，3

8. 减少

四、计算题

1. （1）4.7Ω；（2）7Ω

2. （1）1∶2，1∶2；（2）3∶2；（3）10V

3. （1）880W；（2）32W；（3）848W

第十章

一、判断题

√，×，×，√，×

二、选择题

C，C，D，B

三、填空题

1. N，S，S，N

2. 0，$2.0×10^{-2}$，$2.0×10^{-2}$

3. $1.0×10^{-2}$Wb

4. 小，大，大，小

四、计算题

1. $6.0×10^{-2}$Wb

2. 0.40A，向右

3. $8.0×10^{-3}$N，向左

第十一章

一、判断题

×，×，√，√，×

二、选择题

B，D，B，B，C

三、填空题

1. 有，无

2. 逆时针方向

3. a

4. 顺时针方向

四、计算题

1. 0.8V

2. （1）0.50V；（2）0.25A，逆时针方向

3. $3.0×10^2$V

第十二章

一、判断题

√，√，×，×，√

二、选择题

B，B，D

三、填空题

1. 0.02s，314rad/s

2. 大于，小于

3. 311V（$220\sqrt{2}$V），220V，50Hz，0.02s

四、计算题

1. $i = 10\sqrt{2}\sin100\pi t$ A

2. 4.4A，6.2A，968W

3. 10∶1，1.1A，11A

* 第十三章

一、判断题

√，√，×，×，×

二、选择题

D，B，A，B，C

三、填空题

1. 3.00×10^8 m/s

2. 光在空气中的传播速度大于声波的传播速度

3. 小

4. 复色，单色，红，紫

5. 相干性好，平行度高，亮度高

四、计算题

（1）$\sqrt{2}$，（2）2.12×10^8 m/s，（3）光应该从介质射入空气中，45°

* 第十四章

一、判断题

×，√，√，√，×

二、选择题

C，A，D，B，B

三、填空题

1. 电子，原子核，电子，负，原子核，正，电中性

2. 7，8

3. α，β，γ，氦原子核组成的粒子流，高速运动的电子流，波长极短的电磁波（光子流）

4. $E = mc^2$

5. 重核裂变，轻核聚变

自测题参考答案

第八章

一、√，×，×，√，×

二、A，C，B，D，C

三、1. $\dfrac{1}{n}$，1，1　2. 4.0，竖直向上　3. B　4. 200，-1.0×10^{-6}

四、1. $1.8\times10^5\,N/C$，$2.8\times10^{-2}\,N$　2.（1）$3\times10^4\,V/m$；60V；（2）$6.0\times10^{-6}\,J$，减少了$6.0\times10^{-6}\,J$

第九章

一、√，×，×，√，×

二、C，A，C，B，D

三、1. 4，10　2. 1：8　3. 并，3　4. 0，2　*5. 6.0，0.8，1.5，0.05

四、1. 60W，807Ω　2. 0.2Ω

第十章

一、×，√，√，√，×

二、C，D，A，D，B

三、1. 切线方向　2. 电流方向，电流方向　3. 2×10^{-2}，0　*4. 带负电，不带电，带正电

四、1.（1）竖直向下；（2）0.4T　2. $1\times10^{-3}\,T$

第十一章

一、×，×，√，√，√

二、D，C，B，C，C

三、1. 8.0×10^{-2}，0　2. 互感　3. 向左　*4. 垂直，垂直，横波　*5. 1.0×10^2

四、1. 10V　2.（1）0.2V；（2）0.1A，由a到b；（3）$4\times10^{-3}\,N$

第十二章

一、√，√，×，√，×

二、C，B，B，A，D

三、1. 4，2.83，0.04，25，$4\sin50\pi t$　2. 5，50　3. 550

四、1. 7.1V　2. 216匝，7.2A，44A

* 第十三章

一、√，√，×，√，×

二、A，D，C，D，B

三、1. 同一种均匀介质 2. 等 3. 光从光密介质射入光疏介质，入射角大于或等于临界角 4. 相干，亮度高 5. 不，不，小，大

四、1.24×10^8 m/s，24.5°

* 第十四章

一、√，×，×，√，√

二、C，A，D，A，B

三、1. 10^{-10}，10^{-15} 2. α粒子散射实验 3. 质子，中子，原子核 4. 11，12 5. 原子弹

典型习题和复习题中计算题解答

第八章

典型习题

8-2-4 已知 $q_A = 5.0 \times 10^{-10}$ C，$q_B = 1.0 \times 10^{-9}$ C，$q_C = -5.0 \times 10^{-10}$ C，$r_{AB} = r_{BC} = 0.10$ m。

求 F_B。

解 如图所示

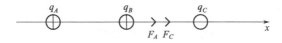

解题 8-2-4 图

q_B 分别受到 q_A 和 q_C 的作用力 F_A 和 F_C，此二力方向相同，所以 q_B 受的合力 F_B 为

$$F_B = F_A + F_C$$

F_B 的方向向右

由 $F = k\dfrac{q_1 q_2}{r^2}$ 得

$$F_A = k\frac{q_A q_B}{r_{AB}^2} = 9 \times 10^9 \times \frac{5.0 \times 10^{-10} \times 1.0 \times 10^{-9}}{0.10^2} = 4.5 \times 10^{-7} \,(\text{N})$$

$$F_C = k\frac{q_B q_C}{r_{BC}^2} = 9 \times 10^9 \times \frac{1.0 \times 10^{-9} \times |-5.0 \times 10^{-10}|}{0.10^2} = 4.5 \times 10^{-7} \,(\text{N})$$

$$F_B = F_A + F_C = 4.5 \times 10^{-7} + 4.5 \times 10^{-7} = 9.0 \times 10^{-7} \,(\text{N})$$

答：q_B 受 q_A 和 q_C 作用力的合力大小为 9.0×10^{-7} N，方向向右。

8-3-3 已知 $q = 3.0 \times 10^{-8}$ C，$F = 2.7 \times 10^{-3}$ N，$q' = 6.0 \times 10^{-8}$ C。

求 E，F'。

解 由 $E = \dfrac{F}{q}$ 得

$$E = \frac{2.7 \times 10^{-3}}{3.0 \times 10^{-8}} = 9.0 \times 10^4 \,(\text{N/C})$$

$$F' = q'E = 6.0 \times 10^{-8} \times 9.0 \times 10^4 = 5.4 \times 10^{-3} \,(\text{N})$$

答：该点场强的大小为 9.0×10^4 N/C，在该点受到电场力为 5.4×10^{-3} N。

8-3-4 已知 $E = 9.0 \times 10^4$ N/C，$m = 1.47 \times 10^{-15}$ kg。

求 q。

解 由题意知，带电油滴在电场中受两个力作用：重力 G 和电场力 F。由两力平衡条件知，G 与 F 大小相等，方向相反。

因为　$G=mg$，$F=qE$，所以 $mg=qE$

$$q=\frac{mg}{E}=\frac{1.47\times10^{-15}\times9.8}{9.0\times10^{4}}\approx1.6\times10^{-19}(\text{C})$$

因为 E 的方向竖直向下，F 的方向竖直向上，二者反向，所以油滴带负电。

答：油滴带负电，电量是 1.6×10^{-19}C。

8-4-4　已知 $q_1=1.6\times10^{-19}$ C，$q_2=-1.6\times10^{-19}$ C，$E_{pa}=4.8\times10^{-17}$ J，$E_{pb}=-1.2\times10^{-17}$J。

求　U_{ab}，U_{ba}。

解　由 $V=\dfrac{E_p}{q}$ 得

$$V_a=\frac{E_{pa}}{q_1}=\frac{4.8\times10^{-17}}{1.6\times10^{-19}}=300(\text{V})$$

$$V_b=\frac{E_{pb}}{q_2}=\frac{-1.2\times10^{-17}}{-1.6\times10^{-19}}=75(\text{V})$$

因为　$U_{ab}=V_a-V_b$，所以

$$U_{ab}=300-75=225(\text{V})$$

因为　$U_{ab}=-U_{ba}$，所以

$$U_{ba}=-225(\text{V})$$

答：a、b 两点电势差 U_{ab} 是 225V，b、a 两点电势差 U_{ba} 是 -225V。

8-4-5　已知 $q=1\times10^{-5}$C，$W_{ab}=-6\times10^{-5}$J。

求　U_{ab}。

解　由 $U_{ab}=\dfrac{W_{ab}}{q}$ 得

$$U_{ab}=\frac{-6\times10^{-5}}{1\times10^{-5}}=-6(\text{V})$$

因为 $U_{ab}=V_a-V_b<0$，所以 $V_a<V_b$，即 b 点电势高

答：a、b 两点电势差 U_{ab} 是 -6V，b 点电势高。

8-5-3　已知 $q=-1.6\times10^{-19}$C，$F=8.0\times10^{-13}$N，$s=1.0$cm$=1.0\times10^{-2}$m。

求　E，U_{AB}。

解　由 $E=\dfrac{F}{q}$ 得

$$E=\frac{8.0\times10^{-13}}{|-1.6\times10^{-19}|}=5.0\times10^{6}(\text{N/C})$$

由 $W=Fs\cos\alpha$ 得

$$W_{AB}=8.0\times10^{-13}\times1.0\times10^{-2}\times\cos0°=8.0\times10^{-15}(\text{J})$$

由 $U_{AB}=\dfrac{W_{AB}}{q}$ 得

$$U_{AB}=\frac{8.0\times10^{-15}}{-1.6\times10^{-19}}=-5.0\times10^{4}(\text{V})$$

答：A 点的场强大小为 5.0×10^{6}N/C，A、B 两点间的电势差 U_{AB} 为 -5.0×10^{4}V。

8-7-5　已知 $C=300\text{pF}=3.00\times10^{-10}\text{F}$，$d=1.0\text{cm}=1.0\times10^{-2}\text{m}$，$Q=6.0\times10^{-7}\text{C}$。
求（1）U；（2）E。

解　（1）由 $C=\dfrac{Q}{U}$ 得

$$U=\frac{Q}{C}=\frac{6.0\times10^{-7}}{3.00\times10^{-10}}=2.0\times10^{3}\,(\text{V})$$

（2）由 $E=\dfrac{U}{d}$ 得

$$E=\frac{2.0\times10^{3}}{1.0\times10^{-2}}=2.0\times10^{5}\,(\text{V/m})$$

答：（1）两极板间的电势差为 $2.0\times10^{3}\text{V}$；（2）两极板间的电场强度为 $2.0\times10^{5}\text{V/m}$。

*8-8-2　已知 $U=2.4\times10^{4}\text{V}$，$q=-1.6\times10^{-19}\text{C}$，$m=9.1\times10^{-31}\text{kg}$，$v_0=0$。
求 E_k，v。

解　由动能定理得 $qU=E_k-E_{k_0}$

因为 $E_{k_0}=\dfrac{1}{2}mv_0^2=0$，所以

$$E_k=qU=\left|-1.6\times10^{-19}\right|\times2.4\times10^{4}=3.84\times10^{-15}\,(\text{J})$$

由 $E_k=\dfrac{1}{2}mv^2$ 得

$$v=\sqrt{\frac{2E_k}{m}}=\sqrt{\frac{2\times3.84\times10^{-15}}{9.1\times10^{-31}}}\approx9.2\times10^{7}\,(\text{m/s})$$

答：电子加速后的动能是 $3.84\times10^{-15}\text{J}$，速度是 $9.2\times10^{7}\text{m/s}$。

复习题

四、计算题

1. 已知 $Q=1.6\times10^{-10}\text{C}$，$r=3.0\text{cm}=3.0\times10^{-2}\text{m}$，$Q_1=4.0\times10^{-9}\text{C}$。
求 E，r_1。

解　由 $E=k\dfrac{Q}{r^2}$ 得

$$E=9\times10^{9}\times\frac{1.6\times10^{-10}}{(3.0\times10^{-2})^2}=1.6\times10^{3}\,(\text{N/C})$$

由题意知，要使 A 点的场强为零，则 $E=E_1=1.6\times10^{3}\text{N/C}$，且二者方向相反，如第1题图所示。

第1题图

由 $E_1=k\dfrac{Q_1}{r_1^2}$ 得

$$r_1=\sqrt{\frac{kQ_1}{E_1}}=\sqrt{\frac{9\times10^{9}\times4.0\times10^{-9}}{1.6\times10^{3}}}=0.15\,(\text{m})$$

答：Q 在 A 点产生的场强为 $1.6\times10^{3}\text{N/C}$；$Q_1$ 的位置在 QA 延长线上离 A 点

0.15m 处。

2. 已知 $q=1.7\times10^{-8}$C，$W_{AB}=-5.1\times10^{-8}$J，$V_B=0$。

求 U_{AB}，V_A。

解 由 $U_{AB}=\dfrac{W_{AB}}{q}$ 得

$$U_{AB}=\frac{-5.1\times10^{-8}}{1.7\times10^{-8}}=-3.0(\text{V})$$

由 $U_{AB}=V_A-V_B$ 得

$$V_A=U_{AB}+V_B=-3.0(\text{V})$$

答：A、B 两点间的电势差为 -3.0V。若 B 点的电势为零，则 A 点的电势为 -3.0V。

3. 已知 $S=0.010\text{m}^2$，$d=0.010\text{m}$，$Q=1.0\times10^{-7}$C，$\varepsilon_r=1$，$q=-1.6\times10^{-19}$C。

求 （1）C；（2）U；（3）E；（4）F。

解 （1）由 $C=\varepsilon_0\varepsilon_r\dfrac{S}{d}$ 得

$$C=8.9\times10^{-12}\times1\times\frac{0.010}{0.010}=8.9\times10^{-12}(\text{F})$$

（2）由 $C=\dfrac{Q}{U}$ 得

$$U=\frac{Q}{C}=\frac{1.0\times10^{-7}}{8.9\times10^{-12}}\approx1.1\times10^4(\text{V})$$

（3）由 $E=\dfrac{U}{d}$ 得

$$E=\frac{1.1\times10^4}{0.01}=1.1\times10^6(\text{V/m})$$

（4）由 $F=qE$ 得

$$F=|-1.6\times10^{-19}|\times1.1\times10^6\approx1.8\times10^{-13}(\text{N})$$

答：（1）平行板电容器的电容是 8.9×10^{-12}F；（2）两板间的电势差是 1.1×10^4V；（3）两板间的场强大小为 1.1×10^6V/m；（4）作用于悬于两板间的电子上的力的大小是 1.8×10^{-13}N。

第九章

典型习题

9-2-4 已知 $L=300\text{m}$，$S=12.75\text{mm}^2=1.275\times10^{-5}\text{m}^2$，$\rho=1.7\times10^{-8}\ \Omega\cdot\text{m}$，$U=8.0\text{V}$。

求 I。

解 由 $R=\rho\dfrac{L}{S}$ 得

$$R=1.7\times10^{-8}\times\frac{300}{1.275\times10^{-5}}=0.40(\Omega)$$

由 $I=\dfrac{U}{R}$ 得

$$I = \frac{8.0}{0.40} = 20(\text{A})$$

答：这条导线中通过的电流为 20A。

9-3-1 已知 $U = 30\text{V}$，$R_2 = 10\Omega$，$R_3 = 30\Omega$，$I_2 = 0.6\text{A}$。

求 (1) U_1，U_2，U_3；(2) I_1，I_3；(3) R_1。

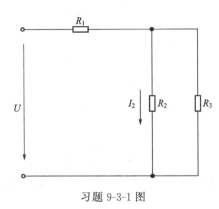

习题 9-3-1 图

解 由习题 9-3-1 图可知，电阻 R_2 和 R_3 并联后，再与 R_1 串联。

(1) 由 $I = \dfrac{U}{R}$ 得

$$U_2 = U_3 = I_2 R_2 = 0.6 \times 10 = 6(\text{V})$$

由 $U = U_1 + U_2$ 得

$$U_1 = U - U_2 = 30 - 6 = 24(\text{V})$$

(2) $I_3 = \dfrac{U_3}{R_3} = \dfrac{6}{30} = 0.2(\text{A})$

由 $I_1 = I_2 + I_3$ 得

$$I_1 = 0.6 + 0.2 = 0.8(\text{A})$$

(3) $R_1 = \dfrac{U_1}{I_1} = \dfrac{24}{0.8} = 30(\Omega)$

答：(1) 电阻 R_1、R_2 和 R_3 上的电压分别为 24V、6V、6V；(2) 通过 R_1 和 R_3 的电流分别为 0.8A 和 0.2A；(3) 电阻 R_1 为 30Ω。

9-4-3 已知 $R_1 = 4\Omega$，$R_2 = 3\Omega$，$R_3 = 6\Omega$，$U = 12\text{V}$。

求 (1) I_1；(2) $\dfrac{I_2}{I_3}$；(3) $\dfrac{P_2}{P_3}$。

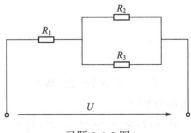

习题 9-4-3 图

解 由习题 9-4-3 图可知，电阻 R_2 和 R_3 并联后，再与 R_1 串联。

(1) $R=R_1+\dfrac{R_2 R_3}{R_2+R_3}=4+\dfrac{3\times 6}{3+6}=6$ （Ω）

由 $I=\dfrac{U}{R}$ 得

$$I_1=\frac{12}{6}=2(\text{A})$$

(2) 因为 $U_2=U_3$，即 $I_2 R_2=I_3 R_3$，所以

$$\frac{I_2}{I_3}=\frac{R_3}{R_2}=\frac{6}{3}=\frac{2}{1}$$

(3) 由 $P=\dfrac{U^2}{R}$ 和 $U_2=U_3$ 知 $P_2 R_2=P_3 R_3$，所以

$$\frac{P_2}{P_3}=\frac{R_3}{R_2}=\frac{6}{3}=\frac{2}{1}$$

答：(1) R_1 中的电流为 2A；(2) R_2 和 R_3 中的电流之比是 $2:1$；(3) R_2 和 R_3 上所消耗的功率之比是 $2:1$。

9-5-4 已知 $I_1=0.2\text{A}$，$U_1=1.8\text{V}$，$I_2=0.4\text{A}$，$U_2=1.6\text{V}$。

求 E，r。

解 由 $E=U+Ir$ 得

$$\begin{cases} E=U_1+I_1 r \\ E=U_2+I_2 r \end{cases}$$

从上两式中消去 E，可得 $U_1+I_1 r=U_2+I_2 r$，整理得

$$r=\frac{U_1-U_2}{I_2-I_1}=\frac{1.8-1.6}{0.4-0.2}=1(\Omega)$$

$$E=U_1+I_1 r=1.8+0.2\times 1.0=2(\text{V})$$

答：电源的电动势为 2V，内电阻为 1Ω。

9-5-6 已知 $E=16\text{V}$，$r=1\Omega$，$R_1=5\Omega$，$R_2=2\Omega$。

求 (1) P；(2) $P_{出}$；(3) P_1，P_2，P_r。

解 由题意知，外电阻 R 由 R_1 和 R_2 串联而成，即

$$R=R_1+R_2=5+2=7(\Omega)$$

由 $I=\dfrac{E}{R+r}$ 得

$$I=\frac{16}{7+1}=2(\text{A})$$

(1) 由 $P=IE$ 得

$$P=2\times 16=32(\text{W})$$

(2) 由 $P=I^2 R$ 得

$$P_{出}=2^2\times 7=28(\text{W})$$

(3) 消耗在各电阻上的热功率分别为

$$P_1=I^2 R_1=2^2\times 5=20(\text{W})$$

$$P_2=I^2 R_2=2^2\times 2=8(\text{W})$$

$$P_r = I^2 r = 2^2 \times 1 = 4(\text{W})$$

答：（1）电源的总功率为 32W；（2）电源的输出功率为 28W；（3）消耗在 R_1、R_2 和内阻 r 上的功率分别为 20W、8W 和 4W。

* 9-6-2 已知 $E=2\text{V}$，$r=0.4\Omega$，$n=2$，$R=0.8\Omega$。

求 I。

解 由 $I=\dfrac{E}{R+\dfrac{r}{n}}$ 得

$$I = \frac{2}{0.8 + \dfrac{0.4}{2}} = 2(\text{A})$$

答：电路中的电流为 2A。

* 9-6-3 已知 $E=2\text{V}$，$r=0.2\Omega$，$U=19\text{V}$，$I=0.5\text{A}$。

求 n。

解 由 $I=\dfrac{U}{R}$ 得

$$R = \frac{U}{I} = \frac{19}{0.5} = 38(\Omega)$$

由 $I=\dfrac{nE}{R+nr}$ 得

$$0.5 = \frac{2n}{38 + 0.2n}$$

解方程得 $n=10$

答：需用 10 个电池串联。

复习题

四、计算题

1. 已知 $R_1=4\Omega$，$R_2=10\Omega$，$R_3=12\Omega$，$R_4=2\Omega$。

求 R_{AB}。

解 （1）$r \rightarrow 0$ 时，等效电路如第 1 题图（a）所示。

R_1 和 R_3 并联后的电阻

$$R_{13} = \frac{R_1 R_3}{R_1 + R_3} = \frac{4 \times 12}{4 + 12} = 3(\Omega)$$

R_2 和 R_4 并联后的电阻

$$R_{24} = \frac{R_2 R_4}{R_2 + R_4} = \frac{10 \times 2}{10 + 2} = \frac{5}{3} \approx 1.7(\Omega)$$

由串联电路的性质得

$$R_{AB} = R_{13} + R_{24} = 3 + 1.7 = 4.7(\Omega)$$

（2）$r \rightarrow \infty$ 时，等效电路如第 1 题图（b）所示。

R_1 和 R_2 串联后的电阻

$$R_{12} = R_1 + R_2 = 4 + 10 = 14(\Omega)$$

R_3 和 R_4 串联后的电阻

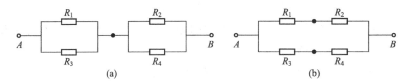

第 1 题图

$$R_{24}=R_3+R_4=12+2=14(\Omega)$$

由并联电路的性质得

$$R_{AB}=\frac{R_{12}R_{24}}{R_{12}+R_{24}}=\frac{14\times14}{14+14}=7(\Omega)$$

答：（1）$r \to 0$ 时，A、B 间的总电阻为 4.7Ω；（2）$r \to \infty$ 时，A、B 间的总电阻为 7Ω。

2. 已知 $R_1=2\Omega$，$R_2=4\Omega$，$R_3=6\Omega$，$I_3=0.8\mathrm{A}$，$r=0.6\Omega$。

求　（1）$\dfrac{U_1}{U_2}$，$\dfrac{P_1}{P_2}$；（2）$\dfrac{P_2}{P_3}$；（3）E。

解　（1）接通开关 S 而断开开关 S_1 时，等效电路如第 2 题图（a）所示。由串联电路的性质得 $I_1=I_2$

所以

$$\frac{U_1}{U_2}=\frac{I_1R_1}{I_2R_2}=\frac{R_1}{R_2}=\frac{2}{4}=\frac{1}{2}$$

$$\frac{P_1}{P_2}=\frac{I_1U_1}{I_2U_2}=\frac{U_1}{U_2}=\frac{1}{2}$$

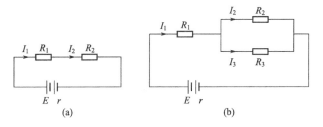

第 2 题图

（2）两个开关都接通时，等效电路如第 2 题图（b）所示。

由并联电路的性质得 $U_2=U_3$

由 $P=\dfrac{U^2}{R}$ 得

$$\frac{P_2}{P_3}=\frac{\dfrac{U_2^2}{R_2}}{\dfrac{U_3^2}{R_3}}=\frac{R_3}{R_2}=\frac{6}{4}=\frac{3}{2}$$

（3）如第 2 题图（b）所示。因为 $I_2R_2=I_3R_3$，所以

$$I_2=\frac{I_3R_3}{R_2}=\frac{0.8\times6}{4}=1.2(\mathrm{A})$$

由串、并联电路的性质得

$$I_1=I_2+I_3=1.2+0.8=2(\mathrm{A})$$

$$R = R_1 + \frac{R_2 R_3}{R_2 + R_3} = 2 + \frac{4 \times 6}{4 + 6} = 4.4(\Omega)$$

由闭合电路欧姆定律得

$$E = I_1 R + I_1 r = 2 \times 4.4 + 2 \times 0.6 = 10(V)$$

答：(1) R_1 与 R_2 两端电压之比为 $1:2$，消耗功率之比为 $1:2$；(2) R_2 与 R_3 所消耗功率之比为 $3:2$；(3) 电源电动势为 10V。

3. 已知 $r = 2\Omega$，$U = 220V$，$I = 4A$。

求　(1) P；(2) $P_热$；(3) $P_机$。

解　(1) 电动机从电源处得到的功率即是电源供给的总功率

$$P = IU = 4 \times 220 = 880(W)$$

(2) 电动机的热功率

$$P_热 = I^2 r = 4^2 \times 2 = 32(W)$$

(3) 由能量守恒定律得 $P = P_热 + P_机$，所以转化为机械能的功率

$$P_机 = P - P_热 = 880 - 32 = 848(W)$$

答：(1) 电动机从电源处得到的功率为 880W；(2) 电动机的热功率为 32W；(3) 转化为机械能的功率为 848W。

第十章

典型习题

10-3-3　已知 $L = 6\text{cm} = 6 \times 10^{-2}\,\text{m}$，$I = 2A$，$F = 0.06N$。

求　B。

解　由 $B = \dfrac{F}{IL}$ 得

$$B = \frac{0.06}{2 \times 6 \times 10^{-2}} = 0.5(T)$$

答：磁感应强度是 0.5T。

10-3-6　已知 $S = 12\text{cm}^2 = 1.2 \times 10^{-3}\,\text{m}^2$，$B = 0.80T$。

求　Φ。

解　因为变压器铁芯内部的磁感应强度与铁芯的横截面积垂直，所以

$$\Phi = BS = 0.80 \times 1.2 \times 10^{-3} = 9.6 \times 10^{-4}(\text{Wb})$$

答：通过铁芯的磁通量是 9.6×10^{-4}Wb。

10-4-3　已知 $B = 0.8T$，$\theta = 90°$，$L = 0.5\text{m}$，$I = 10A$，$s = 20\text{cm} = 0.20\text{m}$。

求　W。

解　由 $F = BIL\sin\theta$ 得

$$F = 0.8 \times 10 \times 0.5 \times \sin 90° = 4(N)$$

由 $W = Fs$ 得

$$W = 4 \times 0.20 = 0.8(J)$$

答：磁场力对通电导线所做的功是 0.8J。

10-4-5　已知 $l_1 = 2.0\text{cm} = 2.0 \times 10^{-2}\,\text{m}$，$l_2 = 1.0\text{cm} = 1.0 \times 10^{-2}\,\text{m}$，$\theta = 0°$，$I = 0.30A$，$M = 9.0 \times 10^{-6}\,\text{N} \cdot \text{m}$。

求 B。

解 由 $M=BIS\cos\theta$ 和 $S=l_1l_2$ 得

$$B=\frac{M}{Il_1l_2\cos\theta}=\frac{9.0\times10^{-6}}{0.30\times2.0\times10^{-2}\times1.0\times10^{-2}\times\cos0°}=0.15(\text{T})$$

答：磁场的磁感应强度为 0.15T。

10-5-4 已知 $q=-1.6\times10^{-19}$C，$v=3.0\times10^6$m/s，$B=0.10$T，$\theta=90°$。

求 f。

解 由 $f=Bqv\sin\theta$ 得

$$f=0.10\times|-1.6\times10^{-19}|\times3.0\times10^6\times\sin90°=4.8\times10^{-14}(\text{N})$$

答：电子所受到的洛伦兹力大小为 4.8×10^{-14}N。

*10-6-1 已知 $q=3.2\times10^{-19}$C，$m=6.7\times10^{-27}$kg，$v=2.0\times10^6$m/s，$\theta=90°$，$B=0.20$T。

求 （1）f；（2）T；（3）R。

解 （1）由 $f=Bqv\sin\theta$ 得

$$f=0.20\times3.2\times10^{-19}\times2.0\times10^6\times\sin90°=1.28\times10^{-13}(\text{N})$$

（2）由 $T=\dfrac{2\pi m}{Bq}$ 得

$$T=\frac{2\times3.14\times6.7\times10^{-27}}{0.20\times3.2\times10^{-19}}\approx6.6\times10^{-7}(\text{s})$$

（3）由 $v=\dfrac{2\pi R}{T}$ 得

$$R=\frac{vT}{2\pi}=\frac{2.0\times10^6\times6.57\times10^{-7}}{2\times3.14}\approx0.21(\text{m})$$

答：（1）粒子所受到的磁场力的大小为 1.28×10^{-13}N；（2）粒子做圆周运动的周期为 6.6×10^{-7}s；（3）粒子在磁场中运动的回转半径为 0.21m。

复习题

四、计算题

1. 已知 $B=1.5$T，$l_1=l_2=0.20$m。

求 Φ。

解 当线圈平面与磁场方向垂直时

$$\Phi=BS=Bl_1l_2=1.5\times0.20\times0.20=6.0\times10^{-2}(\text{Wb})$$

答：通过线圈的磁通量为 6.0×10^{-2}Wb。

2. 已知 $L=0.49$m，$m=0.010$kg，$B=0.50$T。

求 I。

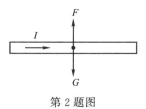

第 2 题图

解 由题意知，导体棒的受力情况如第 2 题图所示。

由左手定则得，电流的方向向右。

由两力平衡条件得 $F=G$，即

$$BIL=mg$$

所以

$$I=\frac{mg}{BL}=\frac{0.010\times9.8}{0.50\times0.49}=0.40(\mathrm{A})$$

答：若要使细线不受力，导体棒中应通以 0.4A 的向右的电流。

3. 已知 $L=10\mathrm{cm}=0.10\mathrm{m}$，$E=2.0\mathrm{V}$，$R=5.0\Omega$，$B=0.20\mathrm{T}$。

求 F。

解 由闭合电路欧姆定律得

$$I=\frac{E}{R}=\frac{2.0}{5.0}=0.40(\mathrm{A})$$

由安培定律得

$$F=BIL=0.20\times0.40\times0.10=8.0\times10^{-3}(\mathrm{N})$$

由左手定则得，F 的方向向左。

答：导体棒所受安培力的大小为 $8.0\times10^{-3}\mathrm{N}$，其方向向左。

第十一章

典型习题

11-3-3 已知 $B=0.050\mathrm{Wb/m^2}$，$l=30\mathrm{cm}=0.30\mathrm{m}$，$v=5.0\mathrm{m/s}$，$\theta=90°$。

求 E。

解 由 $E=Blv\sin\theta$ 得

$$E=0.050\times0.30\times5.0\times\sin90°=7.5\times10^{-2}(\mathrm{V})$$

答：导线中感应电动势的大小为 $7.5\times10^{-2}\mathrm{V}$。

11-3-5 已知 $N=1000$ 匝，$\Delta t=0.4\mathrm{s}$，$\Phi_1=0.01\mathrm{Wb}$，$\Phi_2=0.09\mathrm{Wb}$，$r=2\Omega$，$R=38\Omega$。

求 I。

解 由题意知

$$\Delta\Phi=\Phi_2-\Phi_1=0.09-0.01=0.08(\mathrm{Wb})$$

由 $E=N\dfrac{\Delta\Phi}{\Delta t}$ 得

$$E=1000\times\frac{0.08}{0.4}=2\times10^2(\mathrm{V})$$

由 $I=\dfrac{E}{R+r}$ 得

$$I=\frac{2\times10^2}{38+2}=5(\mathrm{A})$$

答：线圈中感应电动势为 $2\times10^2\mathrm{V}$，通过电热器的电流是 5A。

11-5-3

已知 $L=1.2\mathrm{H}$，$\Delta t=0.0050\mathrm{s}$，$I_1=1.0\mathrm{A}$，$I_2=5.0\mathrm{A}$。

求 E_L。

解 由题意知

$$\Delta I = I_2 - I_1 = 5.0 - 1.0 = 4.0(\text{A})$$

由 $E_L = L \dfrac{\Delta I}{\Delta t}$ 得

$$E_L = 1.2 \times \frac{4.0}{0.0050} = 9.6 \times 10^2 (\text{V})$$

答：线圈产生的自感电动势为 $9.6 \times 10^2 \text{V}$。

11-5-4 已知 $\Delta t = 0.010\text{s}$，$\Delta I = 0.50\text{A}$，$E_L = 50\text{V}$，$\dfrac{\Delta I'}{\Delta t'} = 40\text{A/s}$。

求 L，E_L'。

解 由 $E_L = L \dfrac{\Delta I}{\Delta t}$ 得

$$L = \frac{E_L \cdot \Delta t}{\Delta I} = \frac{50 \times 0.010}{0.50} = 1.0(\text{H})$$

因为 L 由线圈本身的特性决定，所以在电流的变化率改变时，L 不变，但自感电动势要发生变化。

$$E_L' = L \frac{\Delta I'}{\Delta t'} = 1.0 \times 40 = 40(\text{V})$$

答：线圈的自感系数为 1.0H；当电路中电流的变化率变为 40A/s，自感系数不变，自感电动势要变，变为 40V。

*11-6-3 已知 $f_1 = 20.009\text{MHz} = 2.0009 \times 10^7 \text{Hz}$，$f_2 = 19.995\text{MHz} = 1.9995 \times 10^7$ Hz，$c = 2.9979 \times 10^8 \text{m/s}$。

求 λ_1，λ_2。

解 由 $c = f\lambda$ 得

$$\lambda_1 = \frac{c}{f_1} = \frac{2.9979 \times 10^8}{2.0009 \times 10^7} \approx 14.983(\text{m})$$

$$\lambda_2 = \frac{c}{f_2} = \frac{2.9979 \times 10^8}{1.9995 \times 10^7} \approx 14.993(\text{m})$$

答：这两种频率的波长分别是 14.983m 和 14.993m。

复习题

四、计算题

1. 已知 $l_1 = 0.2\text{m}$，$l_2 = 0.4\text{m}$，$B = 0.1\text{T}$，$\Delta t = 0.01\text{s}$，$N = 1$。

求 E。

解 线圈从垂直于磁场的位置转过 $90°$，其磁通量由 Φ_1 变为零

$$\Phi_1 = BS = Bl_1 l_2 = 0.1 \times 0.2 \times 0.4 = 8 \times 10^{-3}(\text{Wb})$$

$$\Phi_2 = 0$$

磁通量的变化 $\qquad\qquad \Delta\Phi = \Phi_2 - \Phi_1 = -\Phi_1$

由法拉第电磁感应定律得

$$E = N \frac{|\Delta\Phi|}{\Delta t} = \frac{\Phi_1}{\Delta t} = \frac{8 \times 10^{-3}}{0.01} = 0.8(\text{V})$$

答：线圈的平均感应电动势大小为 0.8V。

2. 已知 $l=0.10\text{m}$，$B=0.50\text{T}$，$R=2.0\Omega$，$v=10\text{m/s}$。

求 （1）E；（2）I。

解 （1）由 $E=Blv$ 得

$$E=0.50\times0.10\times10=0.50(\text{V})$$

（2）由闭合电路欧姆定律得

$$I=\frac{E}{R}=\frac{0.50}{2.0}=0.25(\text{A})$$

由右手定则得，电路中电流的方向为逆时针方向

答：（1）感应电动势大小为 0.50V；（2）电路中感应电流的大小为 0.25A，方向为逆时针方向。

3. 已知 $L=1.2\text{H}$，$\Delta t=0.020\text{s}$，$I_1=5.0\text{A}$，$I_2=0$。

求 E_L。

解 由题意知 $\Delta I=I_2-I_1=-I_1$

由 $E_L=L\dfrac{\Delta I}{\Delta t}$ 得

$$E_L=1.2\times\frac{|-5.0|}{0.020}=3.0\times10^2(\text{V})$$

答：自感电动势的大小为 $3.0\times10^2\text{V}$。

第十二章

典型习题

12-2-3 **解** 由正弦交流电的电流图像可以得到

$$T=0.2\text{s}, \quad I_\text{m}=10\text{A}$$

由 $f=\dfrac{1}{T}$ 和 $I=\dfrac{I_m}{\sqrt{2}}$ 得

$$f=\frac{1}{0.2}=5(\text{Hz})$$

$$I=\frac{10}{\sqrt{2}}=5\sqrt{2}\approx7.1(\text{A})$$

答：正弦交流电的周期为 0.2s，频率为 5Hz，电流的最大值为 10A，有效值为 7.1A。

12-3-2 已知 $N_1=800$ 匝，$U_1=220\text{V}$，$U_2=55\text{V}$。

求 N_2。

解 由 $\dfrac{U_1}{U_2}=\dfrac{N_1}{N_2}$ 得

$$N_2=\frac{U_2N_1}{U_1}=\frac{55\times800}{220}=200(\text{匝})$$

答：副线圈需要绕 200 匝。

复习题

四、计算题

1. 已知 $f=50\text{Hz}$，$I=10\text{A}$。

求 i。

解 由 $\omega=2\pi f$ 得

$$\omega=2\pi\times50=100\pi(\text{rad/s})$$

由 $I_m=\sqrt{2}\,I$ 得

$$I_m=10\sqrt{2}\,\text{A}$$

由 $i=I_m\sin\omega t$ 得

$$i=10\sqrt{2}\sin100\pi t\ \text{A}$$

答：电流瞬时值表达式为 $i=10\sqrt{2}\sin100\pi t\ \text{A}$。

2. 已知 $U=220\text{V}$，$R=50\Omega$。

求 I，I_m，P。

解 由 $I=\dfrac{U}{R}$ 得

$$I=\frac{220}{50}=4.4(\text{A})$$

由 $I_m=\sqrt{2}\,I$ 得

$$I_m=\sqrt{2}\times4.4\approx6.2(\text{A})$$

由 $P=IU$ 得

$$P=4.4\times220=968(\text{W})$$

答：电流的有效值为 4.4A，最大值为 6.2A，这时电阻消耗的功率为 968W。

3. 已知 $E_m=400\text{V}$，$\omega=314\text{rad/s}$。

求 e，E。

解 由 $e=E_m\sin\omega t$ 得

$$e=400\sin314t\ \text{V}$$

由 $E=\dfrac{E_m}{\sqrt{2}}$ 得

$$E=\frac{400}{\sqrt{2}}\approx283(\text{V})$$

答：电动势瞬时值表达式为 $e=400\sin314t\ \text{V}$，电动势的有效值为 283V。

*第十三章

典型习题

13-1-4 已知 $i=60°$，$n=1.5$，$c=3.00\times10^8\text{m/s}$。

求 r，v。

解 由 $n=\dfrac{\sin i}{\sin r}$ 得

$$\sin r=\frac{\sin60°}{1.5}=0.5773$$

查反正弦函数表得 $\qquad r=35.3°$

由 $n=\dfrac{c}{v}$ 得

$$v = \frac{3.00 \times 10^8}{1.5} = 2.00 \times 10^8 (\text{m/s})$$

答：光的折射角是 $35.3°$，光在其中的传播速度是 2.00×10^8 m/s。

13-2-4　已知 $n = 1.36$

求　C

解　由 $\sin C = \frac{1}{n}$ 得

$$\sin C = \frac{1}{1.36} = 0.7353$$

查反正弦函数表可得

$$C = 47°$$

答：光从酒精射入空气时的临界角是 $47°$。

复习题

四、计算题

已知 $i = 45°$，$r = 180° - 105° - 45° = 30°$，$c = 3.00 \times 10^8$ m/s。

求 n，v，C。

解　(1) 由 $n = \frac{\sin i}{\sin r}$ 得

$$n = \frac{\sin 45°}{\sin 30°} = \sqrt{2}$$

(2) 由 $n = \frac{c}{v}$ 得

$$v = \frac{3.00 \times 10^8}{\sqrt{2}} = 2.12 \times 10^8 (\text{m/s})$$

若要发生全反射，光应该从介质射入空气中，入射角至少等于临界角。

(3) 由 $\sin C = \frac{1}{n}$ 得

$$\sin C = \frac{1}{\sqrt{2}} = \frac{\sqrt{2}}{2}$$

所以

$$C = 45°$$

答：(1) 介质的折射率为 $\sqrt{2}$；(2) 光在介质中的传播速度 2.12×10^8 m/s；(3) 若要发生全反射，光应该从介质射入空气中，入射角至少等于 $45°$。

参 考 文 献

[1] 王传奎主编. 物理. 第 2 版. 北京：人民教育出版社，2013.

[2] 高心主编. 电文化. 北京：北京大学出版社，2013.

[3] 楼渝英主编. 中职物理教程. 第 2 版. 重庆：重庆大学出版社，2010.

[4] 李广华主编. 物理（电工电子类）. 北京：电子工业出版社，2009.

[5] 张明明主编. 物理（通用）. 北京：高等教育出版社，2009.

[6] 丁振华主编. 物理（机械建筑类）. 北京：高等教育出版社，2009.

[7] 文春帆主编. 物理（电工电子类）. 北京：高等教育出版社，2009.

[8] 人民教育出版社课程教材研究所，物理课程教材研究开发中心编著. 物理（第二册）.
     第 2 版. 北京：人民教育出版社，2007.

[9] 刘志平等主编. 电工基础. 第 2 版. 北京：高等教育出版社，2005.